# DÉMONSTRATION

## DE

## LA FAUSSETÉ DES PRINCIPES

### DES NOUVEAUX CHYMISTES.

# DÉMONSTRATION

## DE

## LA FAUSSETÉ DES PRINCIPES

## DES NOUVEAUX CHYMISTES.

Pour servir de supplément au TRAITÉ DE LA
DISSOLUTION DES MÉTAUX.

PAR LE C<sup>en</sup>. MONNET.

A PARIS,

CHEZ H. J. JANSEN, IMPRIMEUR-LIBRAIRE,
RUE DES PÈRES, N°. 1195, F. G.

———

L'AN 6<sup>me</sup>.

# DÉMONSTRATION

## DE

## LA FAUSSETÉ DES PRINCIPES

## DES NOUVEAUX CHYMISTES.

---

J'ai dit dans mon *Traité de la dissolution des métaux*, que la matière qu'il traite est une des plus étendues et des plus intéressantes de la chymie. Je la reprends aujourd'hui, que de nouvelles expériences, de nouvelles vues, m'ont fait naître d'autres idées, et conduit à la connoissance de nouveaux objets, et m'ont donné enfin l'idée d'augmenter ce petit ouvrage.

A 3

## *Du prétendu acide du spath vitreux* (1)*, ou acide spathique.*

Depuis que j'ai publié mon ouvrage en 1775, le premier objet dont je me suis occupé, c'est de savoir s'il existe ou n'existe pas, dans cette substance, un acide particulier ; car il devenoit très-intéressant pour moi de savoir s'il y a ou s'il n'y a pas dans la nature d'autres acides, d'autres dissolvans des métaux que ceux que nous connoissons.

------

(1) C'est ainsi que je me suis résolu d'appeler désormais le spath fluor, l'expérience m'ayant appris qu'il est très-réfractaire, et qu'il ne mérite pas du tout cette dénomination, qui ne lui a été donnée que parce qu'on le croyoit très-fusible, et qu'il aidoit même à fondre les autres matières minérales. On ne conçoit pas du tout d'où est venu ce préjugé. On a dit et publié qu'on employoit cette matière dans les fonderies comme fondant, ce qui est très-faux. Bien loin de l'y employer, on en purge les minérais par le lavage, autant qu'on le peut ; on en croiroit la fonte d'autant plus difficile, qu'il y auroit plus de cette matière.

déjä. On a pu voir, qu'obligé de répondre à Macquer, qui soutenoit dans son *Dictionnaire de chymie* la prétendue découverte de Scheele à cet égard, et qui rejettoit bien loin les preuves que j'avois données du contraire en 1777 dans le *Journal de Physique*, tome X, page 106 ; on a pu voir, dis-je, que j'ai toujours montré que ce que Scheele avoit pris pour un acide particulier dans ce spath, n'étoit que l'acide même qu'il lui avoit appliqué, qui en avoit enlevé une partie de la terre subtile, avec laquelle il avoit contracté une sorte de volatilité, qu'il n'auroit pas eu sans cela ; tandis que tous les autres chymistes françois, séduits aussi par toutes les nouveautés qui venoient de la Suède, ont adopté l'opinion de Scheele, et ont admis unanimement ce nouvel acide dans le spath, comme s'ils l'y avoient vu eux-mêmes très-clairement, et fait toutes les expériences nécessaires pour cela (1). Ebranlé enfin par

––––––––––––––––––––––

(1) Cette inconcevable facilité de croire tout ce que Scheele, et d'autres chymistes étrangers ont débité, et cela sans aucune preuve concluante,

cette unanimité, je fus presque tenté de croire que je m'étois fais illusion ; mais apprenant que l'illustre et exact Margraf avoit fait de son côté des expériences sur ce spath, qui attestoient la vérité des conséquences que j'avois tirées des miennes, je me fortifiai dans mon opinion, et fis de nouvelles expériences sur diverses sortes de spath vitreux, pour me convaincre encore plus que je ne m'étois pas trompé ; et pendant ce temps-là j'eus la satisfaction de voir que le célèbre Priestley montroit aussi que Scheele avoit été induit en erreur sur ce prétendu acide de spath faute d'attention. Malgré ma conviction, sachant que les idées des hommes tiennent bien plus dans tous les cas à

sans une analyse exacte en un mot de l'objet, ne peut s'expliquer que par l'amour que l'on a pour le merveilleux, ou par l'amitié et la grande estime qu'on a pour les auteurs de ces écrits. C'est là la cause de tant d'erreurs accréditées que des siècles ne suffisent pas ensuite pour détruire. Peut-être seroit-il également juste de dire qu'en chymie il est aussi dangereux d'avoir des amis qui écrivent qu'en histoire.

l'opinion, aux préjugés qu'ils se sont formés qu'à l'expérience, et n'ayant d'aill urs
aucun intérêt bien pressant de les détromper, puisqu'ils sembloient vouloir l'être sur
ce sujet ; j'étois résolu de n'en plus parler,
espérant d'ailleurs que la vérité tôt ou tard
me vengeroit en ceci comme en beaucoup
d'autres choses, c'est-à-dire, du peu de cas
qu'on sembloit faire de mon travail sur cette
matière. Mais Scheele ayant fait une réponse à mon mémoire sur le spath, où il
m'a semblé qu'il se défendoit assez mal sur
les erreurs que je lui avois imputées, et cette
réponse ayant paru en françois, tant dans
le *Journal de Physique* que dans les *OEu-*
*vres* de ce chymiste, publiées à Dijon, par
les soins du cit. Morveau ; quelques personnes, avec qui je me trouvois alors, ayant
paru désirer être instruites définitivement
sur ce sujet, savoir, s'il y a ou s'il n'y a
pas un acide particulier dans le spath vitreux, et en général ce que c'est que cette
substance sur laquelle on ne vouloit croire
que le chymiste suédois (1) ; je me décidai

_______________

(1) Le cit. Morveau , comme grand admirateur

à reprendre mon travail, et à répéter devant ces personnes les expériences que j'avois faites en 1777; après cela j'en fis d'autres en mon particulier. De ce nouveau travail il résulta les deux mémoires qui ont paru dans le *Journal de Physique* en 1787. Je croyois alors avoir porté la démonstration de la vérité de mon opinion jusqu'à la dernière évidence, du moins pour les personnes qui n'avoient encore pris aucun parti sur ce sujet. Je croyois avoir démontré incontestablement qu'il n'existe aucune sorte d'acide dans le spath vitreux, mais qu'il y existe une terre particulière, et tout à fait inconnue jusqu'à présent, qui est susceptible de s'élever avec les acides dans la distillation; que l'acide vitriolique acquiert par son union avec cette terre une volatilité,

---

de ce chymiste suédois, ne manqua pas de dire dans l'*Encyclopédie* que Scheele m'avoit répondu victorieusement dans ce second mémoire, et qu'il avoit mis la démonstration de son acide du spath *hors de tout doute*. Ceux qui ne sont pas prévenus peuvent voir maintenant si cette décision est juste et de quel côté est la vérité.

qu'il n'auroit pas sans cela ; ainsi que Margraf avoit aussi démontré , de son côté ,
que la terre calcaire bien loin d'être unie
à ce prétendu acide de Scheele dans cette
substance , n'en faisoit pas même partie ,
et que si elle s'y trouvoit quelquefois , elle
y étoit tout à fait étrangère , ainsi que la
chaux de fer qui s'y montre assez souvent ;
enfin, que la partie la plus abondante de
cette substance étoit la terre quartzeuse ,
qui y étoit unie intimement avec cette terre
particulière ; mais je me serois encore trompé si j'avois cru pouvoir persuader certaines
personnes sur cela. Ne pouvant raisonna-
blement dire que mes expériences n'étoient
pas démonstratives , on douta de la vérité
de ces expériences mêmes ; c'est-à-dire ,
qu'on ne crut pas que je les avois faites ,
ou l'on prétendit que je ne les avois pas
faites exactement ; et beaucoup de chymistes , toujours attachés à l'opinion de Scheele,
n'en admirent pas moins un acide particulier dans le spath , sur la simple autorité de
ce chymiste , car on ne pouvoit se persuader
qu'un si grand chymiste , du moins selon
sa réputation, put avoir aussi mal vu que mes

expériences sembloient le démontrer. D'un autre côté, les nouveaux chymistes, je veux dire ceux qui font consister toute la chymie dans les airs, et dans la manière dont ils se comportent, les chymistes pneumatistes, en un mot, comme quelques-uns les nomment, trouvoient les idées de Scheele trop favorables à leur opinion pour ne pas les croire véritables. Et déja ce prétendu acide spathique étoit consigné dans tous les livres nouveaux ; ses affinités, ses propriétés prétendues étoient décrites avec beaucoup de soin, et d'une manière qui ne laissoit aucun doute dans l'esprit de ceux qui s'étoient enrollés, pour ainsi dire, dans cette nouvelle chymie. Déja encore ce nouvel être figuroit dans une nouvelle nomenclature chymique, où le langage le plus absurde et le plus barbare qui fut jamais, consacroit les plus grandes faussetés, comme des vérités fondamentales (1). J'avois donc pris définiti-

---

(1) Je ne pense pas que les chymistes qui ne sont pas de ce parti, trouvent rien d'exagéré dans cette manière de parler de ce nouveau langage

vement le parti de ne plus écrire sur cette matière, comme je l'avois annoncé à la fin de

chymique : si on l'examine avec attention et sans
préjugé, on le trouvera souvent opposé à la raison et à la nature des choses. Et ce qu'il y a de
singulier, c'est que dans cette nouvelle nomenclature de mots et de définitions, on a prétendu
non-seulement être plus clair, plus méthodique
et plus expressif, mais même plus vrai et plus
riche ; car on a mis en axiome ce qui n'étoit tout
au plus qu'en question, et de certaines erreurs
on en a fait des vérités démontrées. Ce langage
a commencé en France par le cit. Morveau, qui,
devenu ami de Bergman, a adopté peu à peu sa
manière de s'exprimer. M. Kirwan en a fait
tout autant en Angleterre ; et peu à peu, en y
associant les nouvelles idées des chymistes pneumatistes, on est parvenu enfin à faire cette grande
œuvre, et à faire scission avec les autres chymistes, que les nouveaux ne regardent plus que comme de vieux radoteurs. Déja ce langage, est devenu
celui de certaines écoles, et celui des jeunes étu-
dians, qui n'en connoissent pas d'autres, et qui
méprisent tout ce qui n'y est pas conforme ; déja
aussi beaucoup de livres nouveaux ont annoncé
ce changement, et je me serois cru coupable de
négligence si je n'avois pas apporté à ce langage et à
cette nouvelle chymie, toute l'attention dont je suis

mon second mémoire, où je disois que beaucoup d'autres expériences que j'avois faites

---

capable pour en faire mon profit. Mais j'avoue de
bonne foi, qu'à l'exception de quelques expressions
corrigées, dont on connoissoit l'utilité depuis longtems, je n'y ai rien trouvé qui ait dû me faire changer
de langage. Aussi on ne sera pas étonné de m'entendre dire toujours *alkali fixe végétal* pour *potasse*,
parce que la potasse, terme des ouvriers et du commerce, n'est pas seulement le sel alkali, mais un
mélange de ce sel, de cendre et de tartre vitriolé.
Nous ne dirons pas non plus *soude* pour désigner
l'*alkali marin* ou *minéral*, parce que la soude n'est
pas simplement cette substance seule, mais bien ce
sel uni à beaucoup de cendre, et qu'il est contre
les règles du bon sens d'appeler la parti comme
le tout : par conséquent nous ne dirons pas
non plus *vitriol de soude*, *vitriol de potasse*, *vitriol de chaux*, parce que d'ailleurs le nom de
vitriol ne convient qu'à l'union de l'acide vitriolique avec les métaux. Nous ne dirons pas non
plus, avec le cit. Fourcroy, *acide crayeux*, pour
dire *air fixe* ou *air acide*; car d'abord j'observerai que cet air n'est point un véritable acide, et
qu'il est tout aussi ridicule de le nommer crayeux,
qu'il le seroit de le nommer marbreux, parce qu'il
se trouve aussi dans le marbre, et même en plus
grande quantité que dans la craye. Nous ne nom-

d'après les mémoires de Scheele , s'étoient
trouvées toutes différentes de ce que ce chy-

---

merons pas non plus cet air *carbonique ,* selon la
nouvelle nomenclature , car il n'est pas plus carbonique qu'il n'est crayeux et marbreux ; et par
conséquent nous ne dirons pas plus *carbonate de
potasse, carbonate de soude , carbonate de chaux,*
etc. , pour désigner l'union de cet air avec l'alkali
de la soude et avec la terre calcaire ; de même
que nous ne dirons pas, avec le cit. Foürcroy,
tant d'autres mots ou absurdes ou ridicules ; outre
cela il est, selon nous, très-impropre de donner des
noms à des matières qui ne contiennent rien de
ce que ces noms expriment. Nous ne nommerons
pas l'alkali volatil *amoniaque,* car ce mot n'ex-
prime pas du tout la chose, et d'ailleurs *le nom*
d'alkali volatil est plus clair, plus signifiant. Le
mot amoniac peut bien mieux désigner les sels
où entre cette substance , que l'alkali volatil pur.
Mais il faut encore admirer l'esprit de messieurs
les nomenclateurs qui retranchent le mot alkali,
consacré par l'usage et par les progrès de la chymie dans tous les pays , et qui veulent cependant
qu'on nomme alkalius tous les sels neutres où entre
les sels alkalis ; ainsi c'est comme si le père ne
pouvoit se nommer comme son fils, après qu'il lui a
cependant donné son nom. Quelle logique ! Nous
ne dirons pas acide *fulfurique,* pour acide vitrio-

miste en dit Je ne voulois plus m'occuper
des mêmes objets que ce chymiste a traités ,
parce que je ne voulois pas éprouver la peine
de le contredire à chaque instant. Mais deux
circonstances , dont je vais parler , me firent
encore changer de résolution , et quelques
personnes me donnèrent en même tems à entendre qu'il ne falloit pas se lasser de dire la
vérité , ou ce qu'on croit être telle pour le
bien même de la vérité ; que les égards qu'on
lui doit sont au-dessus de toutes considérations. Vers le même tems je reçus une lettre
de M. le comte de Saluces, président de l'académie de Turin , par laquelle il me prioit de
ne pas me lasser de travailler sur cette matière , de répéter mes expériences sur une autre
sorte de spath vitreux , que celui de Sainte-
Marie aux mines, pour voir s'il n'y auroit pas
quelque chose qui se raprochât davantage des
idées de Scheele ; de reprendre enfin mon
travail comme si je n'avois encore rien fait ,
et de l'étendre le plus que je pourrois.

_______________

lique , parce qu'il n'est pas bien démontré encore
que cet acide ne soit que le soufre en substance,
surchargé d'oxigène , et que son état d'acide ne
soit qu'accidentel , etc.

Peu

Peu de tems après avoir reçu cette lettre, le jeune docteur Foderé, de la faculté de Turin, vint me voir rempli de la doctrine des chymistes pneumatistes, et disciple zélé du cit. Fourcroy. Séduit encore par un mémoire nouvellement imprimé dans le *Journal de Physique*, où toutes les erreurs de Scheele et d'autres, relativement au spath, sont avancées avec la plus grande confiance et la plus grande prétention, il désiroit s'assurer lui-même de la vérité sur ce point important. Je lui présentai à cet effet un morceau de spath vitreux qui venoit de Corse, avec lequel il opéra aussitôt, sans que je m'en mélasse autrement qu'en lui procurant tout ce dont il avoit besoin. Son travail lui fournit la matière d'une excellente dissertation qu'il envoya à l'académie de Turin, où, employant tantôt le langage des chymistes pneumatistes, et tantôt celui des anciens chymistes, il confirme, comme malgré lui, tout ce que j'avois avancé sur la nature de cette substance, relève beaucoup d'erreurs du nouveau mémoire dont je viens de parler, et donne des détails particuliers sur cette substance singulière. Dès qu'il fut parti, je me remis à l'ouvrage sur une autre sorte de spath vitreux, à peu près blanc, mais fort bien cristallisé, provenant des mines de la concession de M. Blumenstein, en Dauphiné. Ce nouveau spath ayant été réduit en poudre, j'en pris d'abord une petite partie pour savoir s'il donneroit une lumière phosphorescente sur les charbons ardens, mais je n'apperçus rien. On sait que Cronstedt avoit remarqué cela comme le caractère distinctif de cette substance minérale, ainsi que Margraf, mais avec plus de détail; en observant toutefois que cette lueur phosphorescente ne faisoit que paroître et disparoître pour ne plus revenir, et que ce spath se trouvoit alors décoloré; ce que Scheele dit aussi sans citer aucun de ces auteurs. Mais on auroit eu tort de chercher à reconnoître cette substance d'après ce caractère, puisqu'on voit qu'il n'existe pas toujours, et j'avois bien lieu de le croire quand à celle-ci, puisque Cronstedt n'attribue cet effet qu'à la matière colorante, qu'il regardoit comme étant due au principe inflammable, adhérent à la chaux de fer qui ne se trouve point, ou qu'en très-petite quantité dans celui-ci.

L'auteur, qui s'est caché sous le nom de Boulanger, avoit de même remarqué que son spath ne faisoit point esphorescence, quoiqu'il parut de nature à cela. Au lieu que le spath vitreux et sombre, qui se trouve en très-petites parties dans les fentes du rocher de granit-gris du fond de Plombières, produit toujours plus ou moins cet effet; tandis qu'il y en a un autre qui est également verdâtre, mais plus transparent, qui ne posphore pas du tout; ce qui seul établiroit des différences très-sensibles dans cette substance. J'insiste sur cette bagatelle, parce que je sais que Scheele vouloit rapporter cet effet à l'acide qu'il croyoit être dans cette substance.

Si, comme il y a lieu de le croire, aucun minéral n'a de forme cristaline et de transparence qu'à cause de l'air fixe ou air acide et de l'air vital, résultat de la sollidification de l'eau; il y a lieu de croire aussi que le spath vitreux contient beaucoup de ces airs, et que ce sont ceux-ci qui sont la cause, au moins en grande partie, des phénomènes que cette substance présente avec l'acide vitriolique, ainsi qu'avec les autres acides.

Je commence d'autant plus volontiers par-là mes nouvelles recherches sur le spath, que je suis persuadé que Scheele a commencé à être induit en erreur sur la nature de cette substance par ces effets, et que d'un côté il s'est persuadé qu'elle contenoit une terre calcaire, et de l'autre qu'il y avoit un acide, qui étoit chassé par l'acide vitriolique. Pour nous, nous avons pensé tout simplement que ces principes étoient une des causes pourquoi la terre subtile du spath s'élève avec les acides dans la distillation, et pourquoi l'acide vitriolique fait effervescence avec le spath, et s'en élève même en fumant, lorsqu'il est bien concentré, ainsi qu'on le voit dans d'autres circonstances. On pourroit même tirer quelque probabilité en faveur de cette hypothèse, de ce qu'il y a certaines qualités de spath vitreux, tel que celui qui est connu sous le nom de fausse émeraude ou de fausse améthyste, qui, étant plus tendres et moins bien cristal-

lisés que d'autres , font moins effervescence avec l'acide vitriolique , et donnent
moins de vapeurs. Il est vrai que cela dépend aussi du plus ou moins de concentration de l'acide vitriolique, et de ce que ce
spath est plus ou moins sec. Si l'acide vitriolique est foiblement concentré, il agit
avec bien moins de force sur le spath que
celui qui l'est beaucoup. Nous avons vu
quelquefois qu'il n'y avoit pas du tout de
mouvement dans le moment du mélange de
cet acide avec le spath, et que l'effervescence ne commençoit que lorsque le bain
de sable, sur lequel on avoit mis le vaisseau, étoit fortement échauffé. D'autres fois
aussi j'ai vu qu'à peine l'acide vitriolique tou-
choit au spath qu'il s'en élevoit en abondance
des vapeurs blanches , piquantes, sentant
l'esprit volatil sulfureux, et comme l'acide
marin en même tems.

Quoiqu'il en soit , je dois dire que je n'eus
pas en cette circonstance de ces vapeurs
abondantes prématurées, et que ce ne fut
que lorsque ma cornue fut bien chaude ,
que je sentis des vapeurs d'esprit volatil
sulfureux; mais qu'il ne s'éleva pas moins

de la terre subtile de mon spath , comme on va le voir. L'huile de vitriol étoit cependant , comme à l'ordinaire , celui du commerce , et la même que celle dont je m'étois servi dans d'autres occasions pareilles, où elle m'avoit procurée dès le premier moment les vapeurs dont je parle. Je fus d'autant plus étonné de cela que le thermomètre étoit alors à 18 degrés.

1º. Expérience. Je pris d'abord 2 onces de mon spath en poudre, et 3 onces d'acide vitriolique. La distillation fut soutenue pendant cinq heures de tems , au point de ne pouvoir endurer la main sur la voûte de la cornue. Après ce tems , comme il me parut qu'il ne montoit plus rien , et que le résidu de la cornue étoit fort sec , je laissai refroidir les vaisseaux. On déluta , et on trouva dans le balon une forte croûte nageante sur l'eau distillée , qu'on y avoit mise selon l'usage ordinaire. Il y avoit aussi un enduit très-considérable aux parois de ce vaisseau.

2º. Le résidu étoit moulé dans son fond , et bien plus volumineux que les matières dont il provenoit. Quoique ce résidu fut très-sec , et qu'il eut été poussé fortement à la chaleur , il n'étoit pourtant pas neutre , il s'en falloit bien. Ayant versé dessus à peu près 2 onces d'eau distillée, je replaçai cette cornue au bain de sable, et lui ayant radapté son balon, je fis chauffer le bain de sable de nouveau, et conduisis cette deuxième distillation de la même manière que la première fois. Il monta pareillement une liqueur acide, et il se forma sur l'eau distillée du balon, une croûte, mais moins forte que la première ; cependant l'acide ne me parut pas moins chargé de terre.

3e. Je répétai cette expérience, c'est-à-dire, que je reversai encore 2 onces à peu près d'eau distillée dans la cornue, et que je recommençai la distillation ; mais cette fois-ci je n'eus pas de croûte ; la liqueur distillée se trouva cependant chargée d'un peu de terre. Le résidu fut poussé jusqu'à parfaite siccité, et il se trouva beaucoup plus neutre. Alors je compris que c'étoit faute d'une suffisante quantité d'acide, que je n'étois pas parvenu à enlever davantage de la terre subtile du spath, puisque j'avois déja éprouvé que ce n'étoit qu'à la faveur d'un grand excès d'acide que cette terre s'élevoit et se tenoit dissoute par cet acide.

4e. D'après cette manière de penser, je versai 2 onces d'huile de vitriol dans ma cornue, et ayant remis un peu d'eau distillée dans le balon, je recommençai ma distillation. Cette fois-ci il monta une liqueur presque aussi chargée de terre que la première fois, et il se forma dessus une légère croûte terreuse.

J'aurois pu continuer ainsi à épuiser mon résidu de sa terre subtile ; ce qui auroit encore exigé plusieurs onces d'acide vitriolique, car nous avons vu que l'auteur, qui s'est caché sous le nom de Boulanger, y en a fait passer jusqu'à 24 onces, et qu'il en a eu à chaque fois un acide chargé de terre ; mais ma cornue étoit alors tellement endommagée qu'elle se brisa entre mes mains. En cet instant je jetai le tout dans une terrine où il y avoit de l'eau propre. Ayant laissé le tout plusieurs heures, je le jetai sur un filtre ; la liqueur qui passa étoit fortement acide, et l'alkali fixe, versé dessus jusqu'au point de saturation, en précipita abondamment une terre, qui ne différoit de celle qui étoit passée dans la distillation, que parce qu'elle étoit moins blanche.

5e. La plus grande partie de cette eau fut évaporée, mais on n'en obtint pas de sélénité, comme cela auroit dû être, si, comme le pensoit Scheele, cette terre eût fait la base du spath. A la vérité, quand l'eau fut fortement concentrée, on eut à sa surface des pellicules, que Scheele a pu prendre pour de la sélénite, mais qui, lavées dans l'eau, se trouvèrent être une terre pareille à celle qui étoit montée dans la distillation ; car, comme elle, elle s'élevoit dans la distillation avec l'acide vitriolique, se dissolvoit dans l'acide nitreux, et dans l'alkali fixe. On concevra pourquoi les pellicules deviennent de la terre insipide du spath, quand on saura que l'espèce d'union qui résulte de cette terre avec l'acide vitriolique, se décompose par l'eau, à la manière de certains sels métalliques, qui ne peuvent exister comme sels, qu'autant qu'ils sont pourvus d'un excès d'acide. C'est par la même raison que les pellicules terreuses du balon se dépouillent entièrement de leur acide par le lavage, comme nous le verrons.

6e. Il est vrai que tout sembloit conspirer pour tromper Scheele, étant prévenu comme il l'étoit de l'existence d'une terre calcaire dans ce spath ; car notre terre étant dissoute dans l'acide nitreux ou marin, est saisi par l'acide vitriolique, et paroît sous la forme de sélénite, comme nous le verrons encore au sujet de ces mêmes acides, montés dans la distillation et chargés de cette terre ; ce qui marque un degré d'affinité plus grand de cette terre singulière pour l'acide vitriolique, que pour les autres acides, quoique cette terre s'en sépare encore plus facilement d'elle-même que de tous les autres acides.

Après avoir fait cet essai sur de la terre obtenue ainsi que je viens de le dire, ou par l'alkali fixe, je fis bouillir une portion de mon spath cru avec de l'acide nitreux, et ayant versé dessus quelques gouttes d'huile de vitriol, j'eus un précipité assez sensible pour y être trompé, c'est-à-dire, pour le prendre pour de la sélénite, si je m'en étois tenu, comme Scheele, aux apparences; mais je vis que cette prétendue sélénite étoit re-dissoute quelques instans après par la réac-tion des acides libres; c'est encore une pro-priété qu'a de commun cette terre avec quel-ques terres métalliques.

Au surplus, il n'est pas impossible qu'il y ait quelque partie de terre calcaire dans cette espèce de spath, sur-tout dans celui qui n'est pas parfaitement pur et parfaite-ment bien cristallisé, et que cette terre ne fasse, dans pareil cas, la plus grande par-tie du précipité dont nous parlons. C'est ce qu'il m'a même semblé avoir apperçu dans une sorte autre que celle dont il s'agit ac-tuellement; mais il est certain que cette terre y est entièrement étrangère, et qu'on n'en trouvera nullement dans les cristaux de spath vitreux demi-transparent et parfaite-ment bien cristallisé.

7e. Ce qui prouve encore bien évidem-ment la vérité que nous avançons ici, savoir, que la terre qui étoit dissoute dans l'eau des lavages du résidu de notre cornue, n'étoit point une terre calcaire, mais qu'elle étoit de même nature que celle qui étoit montée dans la distillation, ce qu'ayant évaporé fortement cette liqueur acide, ou l'ayant réduite à très-peu de volume, je la mis dans une petite cornue de verre, et que l'ayant placée au bain de sable, et lui ayant ajusté un balon, j'en obtins un esprit acide, et chargé d'une croûte de cette terre. Qu'ayant remis ensuite de l'huile de vitriol sur le peu de résidu qui me restoit dans cette cornue, j'en enlevai presque tout ce qu'il y avoit de terre, et la partie de l'acide qui y resta en résidu, et qui, faute d'une suffisante quantité de terre, n'avoit pu monter, y étoit concentrée sous la forme d'huile de vitriol glaciale et transparente, où l'on distinguoit, comme une belle étoile, laquelle disparût aussitôt que j'y eus versé de l'eau.

8ᶜ. Il faut encore observer comme une chose qui n'est pas indifférente à savoir, que ces eaux de lavages donnoient abondamment un précipité bleu avec la liqueur saturée du bleu de Prusse; ce qui étoit d'autant plus étonnant que ce spath ne paroissoit pas contenir de la chaux de Mars; ce qui m'obligea à croire, que, malgré ce qu'en dit Scheele, il y avoit une portion de la terre du spath même qui s'étoit précipitée en même tems ; ce qui vient à l'appui de ce que nous dirons dans la suite sur cette propriété de la terre du spath.

9e. La partie terreuse de mon résidu qui étoit restée sur mon filtre à sécher, n'étoit pas encore dépouillée de toute la terre subtile du spath, elle étoit encore comme un sable demi-transparent ; c'est pourquoi, l'ayant fait fondre dans un creuset avec environ un tiers d'alkali fixe, je n'en eus qu'un verre fort opâque et très-salé ; mais cette expérience étoit suffisante pour faire voir qu'il n'y avoit pas de sélénité dans ce résidu, comme il devoit y en avoir, selon Scheele ; car si ce résidu avoit été de la sélénité, ou qu'il en eut même contenu la moindre partie, il ne se seroit pas fondu ainsi ; et, comme j'y avois mis en même tems quelque peu de flux noir, il se seroit formé en même tems un foie de soufre. Il y a plus, cette masse de résidu légèrement calcinée, auroit dû donner, selon Scheele, du plâtre avec de l'eau ; et c'est justement ce que j'avois examiné une autre fois, et que j'avois vu n'être pas vrai.

Si nous considérons d'ailleurs tout ce qui s'est passé dans nos distillations, nous ne verrons rien qui prouve l'existence d'un acide particulier dans le spath, mais bien l'existence d'une terre particulière ; car cet acide, quel qu'il fut, devoit être monté dans la première distillation, tout au moins entièrement dans la seconde. Mais comme nous avons eu après un acide tout pareil au premier, excepté qu'il étoit moins chargé de terre, il en faut conclure nécessairement que l'acide même que nous y avons mis étoit monté ; et comme cet acide ne sauroit s'élever de lui-même à ce degré de chaleur, il falloit bien en conclure aussi qu'il s'étoit élevé quelque chose encore avec cet acide qui l'avoit volatilisé ; comme d'ailleurs, nous trouvons dans cet acide une terre en dissolution, je crois que nous sommes en droit d'en conclure que c'est cette terre même qui lui a donné la faculté de s'élever, et à qui il doit encore toutes les autres propriétés qui l'ont fait prendre pour un acide particulier.

Telle est la conséquence naturelle que j'ai tirée de ces faits dans un mémoire particulier, et dans ceux qui sont imprimés dans le *Journal de Physique*, où, à cette occasion, j'ai relevé l'erreur, ou plutôt l'absurdité de Scheele, et sur-tout celle de l'auteur qui s'est caché sous le nom de Boulanger, qui croyoit toujours tirer de l'acide marin de ses 4 onces de spath, à chaque fois qu'il passoit et distilloit dessus de l'acide vitriolique ; comme si cet acide marin pouvoit être inépuisable dans ces 4 onces ; ce qui me paroissoit un étrange abus de la raison en chymie.

Mais je vois maintenant, qu'avec les autres preuves que j'ai données, que c'est l'acide vitriolique purement et simplement que j'ai enlevé chaque fois que je l'ai mis sur le spath, je vois qu'on m'accorde qu'en effet mon acide spathique avoit été mélé d'acide vitriolique. Mais celui qui m'accorde cela ne s'accorde pas avec lui même ; car si je peux prouver une fois qu'il s'élève une portion d'acide vitriolique dans mon opération, il faudra convenir que tout cet acide peut monter également, et enfin que tout ce qu'on croit être de l'acide spathique, pourroit bien n'être aussi que de l'acide vitrio-

lique, sur-tout si on ne montre pas cet acide
fluorique en particulier avec toutes les propriétés qu'on lui assigne, comme en effet
on n'a pu le faire. Il faudra de plus avouer
que j'avois raison quand j'ai dit que l'acide
vitriolique montoit à la faveur d'une terre
qui est dans le spath ; car sans cela on ne
pourra jamais se persuader, en bon chymiste,
que cet acide ait, à ce degré de chaleur,
la faculté de s'élever de lui-même, et sur-
tout en si grande quantité que je le démon-
tre. Mais comme on ne connoît ce prétendu
acide spathique que d'après Scheele, et que
ce chymiste soutient que son acide spathique est toujours pur et exempt d'acide vitriolique ( Voyez page 43 du tome II de ses
mémoires ), c'est encore se contredire soi-
même que d'avouer actuellement que cet
acide est mêlé d'acide vitriolique.

Cependant s'il doutoit encore que l'a-
cide vitriolique ait la propriété de s'élever à
la faveur de la terre du spath qui le carac-
térise, seul acide spathique, je pourrois
rapporter l'expérience dont je fais mention
dans mon second mémoire sur le spath, inséré dans le *Journal de Physique*, année
1787,

1787 , qui consiste à ne mettre que 36 grains
de spath avec 4 onces d'acide vitriolique ,
pour obtenir de ce mélange, par la distillation, un acide spathique presqu'aussi fort
qu'avec une plus grande quantité de spath.
Il est, je crois, bien démontré que 56 grains
de spath n'ont pu fournir autant d'acide que
j'en ai obtenu ; il falloit donc en conclure nécessairement que c'étoit la terre même de ce
spath qui l'avoit ainsi caractérisé, et qu'il
n'en falloit même que très-peu pour cela.
Mais nous allons passer aux autres preuves authentiques qu'il n'y a autre chose dans
toutes ces liqueurs montées dans nos distillations, que l'acide vitriolique uni à de la terre subtile du spath , et étendu dans de l'eau ;
ce que le goût seul auroit bien dû au moins
faire soupçonner; car si on avoit voulu y faire
attention , on n'y auroit trouvé que celui de
l'acide vitriolique étendu dans de l'eau malgré la terre à laquelle il est uni.

10<sup>e</sup>. J'ai déja dit que la terre subtile du
spath n'étoit tenue en dissolution par l'acide vitriolique, qu'autant que cet acide y étoit
en grand excès ; par conséquent que dès
qu'on diminuoit cet excès ou sa force par

C

l'eau, cette terre s'en séparoit à proportion de cette diminution de force, et que c'est à cause de cela que cet acide, ainsi que les autres, n'en enlevoit que peu dans la distillation. Voilà pourquoi on voit que dès que les vapeurs blanches ou sèches qui montent dans la distillation avec l'acide vitriolique, touchent à l'eau du balon, elles déposent une partie de leur terre, d'où résulte cette croûte qui se forme dessus. Cela étant bien compris, on concevra facilement qu'il doit être possible de dépouiller entièrement cette terre de son acide, sans se servir d'autre moyen que du lavage avec de l'eau, comme nous l'avons déja fait voir ci-devant. C'est ce que j'exécutai à l'égard des autres croûtes de mon balon en les séparant de ma liqueur. C'est en versant le tout sur un filtre, et en y repassant plusieurs fois de l'eau que je parvins à rendre cette terre parfaitement insipide.

11e. Pendant que ma terre s'égouttoit et se desséchoit ainsi sur le filtre, je m'occupois de l'examen de mon acide prétendu fluorique qui avoit passé, et qui ne différoit en rien de ce qu'on appelle esprit de vitriol, ou acide vitriolique étendu dans de l'eau. Il pouvoit y

en avoir en tout 6 onces. J'en fis 4 parts égales : dans l'une je versai jusqu'au point de saturation de l'alkali fixe en liqueur bien pur
et presqu'entièrement privé d'air fixe ; j'eus
un précipité blanc fort abondant, et plus
grand que je ne l'avois eu encore. Il y a une circonstance importante à remarquer ( ce que
je n'avois pas fait à l'occasion de mes précédentes expériences ), savoir, que cette précipitation étoit plus parfaite ou plus exacte par
cet alkali caustique , que par celui qui ne l'é-
toit pas ; ce qui me donnoit lieu d'espérer que
j'obtiendrois cette fois-ci un sel plus net et
plus susceptible de se cristalliser, que tous
ceux que j'avois obtenus jusqu'alors d'une pa-
reillle liqueur saturée ; ce qui faisoit une des
grandes difficultés qu'on m'objectoit pour
prouver que ce sel n'étoit pas du tartre vitriolé, comme cela doit être selon ma manière de penser ; et je voyois, en cette occasion,
que l'air fixe étoit une des causes principales,
pourquoi il restoit une si grande quantité de
terre du spath unie à ce sel , qui l'empêchoit
de paroître sous sa forme naturelle. Une autre circonstance se joignit encore à celle-ci
pour me procurer des cristaux de tartre vitrio-

lé reconnoissables pour ce qu'ils sont ; c'est qu'il faisoit alors chaud et un beau soleil ; et que voulant en profiter pour faire évaporer ma liqueur filtrée , je vis qu'il s'en précipitoit encore beaucoup de terre , ce qui m'ayant obligé à la refiltrer pour en séparer cette terre, j'eus en effet, cette fois-ci, des cristaux, que je ne pouvois méconnoître pour un vrai tartre vitriolé, quoiqu'ils ne fussent pourtant pas exempts entièrement de cette terre de spath.

C'étoit-là vraiment un point essentiel pour notre démonstration; car on sait, et je l'avois dit plusieurs fois moi-même, que ce sel étoit tellement déguisé par la terre qui lui étoit restée unie , qu'au lieu de donner des cristaux de tartre vitriolé bien distincts , on n'obtenoit qu'un *magma* qui ressembloit quelquefois plus à de la colle qu'à une matière saline , et que c'étoit par-là justement que Scheele, préocupé de la découverte de son prétendu acide du spath , avoit été induit entièrement en erreur, en prenant cet état du sel vitriolé, comme une preuve du caractère particulier de son acide.

Il est bon encore de dire que j'ai remarqué

depuis la publication de mes trois mémoires
sur le spath, que la séparation plus ou moins
grande de cette terre, dépend beaucoup
de la plus ou moins juste saturation ; que
si on outre-passe ce point, et qu'il reste
de l'alkali en excès dans la liqueur, il y reste
en dissolution beaucoup plus de terre ; ce qui
dénote que cette terre est très-singulière, et
qu'elle est susceptible de se dissoudre dans les
alkalis, aussi bien que dans les acides, sur-tout
si ses alkalis sont unis avec beaucoup d'air fixe.
J'ai eu la preuve évidente de cette vérité, en
employant pour cette précipitation un alkali
parfaitement caustique ou parfaitement privé d'air fixe, qui ne m'a pas donné un sel
à beaucoup près aussi chargé de terre que
celui qui avoit été fait par l'alkali fixe aëré.

12e. Parmi les expériences qui ont été publiées de ma part sur le spath, je rapporte
que je fis une pareille combinaison de mon
acide spathique avec des cristaux de soude
bien purs, et que j'en obtins un sel très-in-
forme et aussi méconnoissable pour sel de
glauber, que celui qui résultoit de l'alkali
fixe l'étoit pour du tartre vitriolé, mais qu'il
n'en étoit au fond pas moins un véritable sel

de glauber ; et pour ne pas répéter ici inutilement la même expérience , je saturai une
autre portion de ma liqueur acide , avec de
l'alkali volatil caustique. Cette liqueur saline
resta bien moins de tems trouble , et le précipité s'en s'épara plus promptement que celui qui étoit fait par l'alkali fixe saturé par
l'air acide. Ayant été évaporée de la même
manière que je viens de le rapporter , j'en obtins un sel aiguillé , que je ne pouvois m'é-
connoître pour le sel ammoniac de glauber ;
qui étoit cependant un peu terni par une très-
légère portion de terre du spath,

13°. Ayant trituré tout ce sel avec un morceau de chaux , et introduit le tout dans une
cornue avec un peu d'eau , j'en retirai , à la
chaleur du bain de sable , mon alkali volatil.
Et, comme Scheele soutient que l'acide du
spath , combiné avec une terre calcaire , régé-
nère le spath vitreux, j'eus par-là une belle occasion de voir ce qui en est, et à quoi il faut
s'en tenir de cette belle assertion. Je lavai en
conséquence mon résidu dans de l'eau chaude,
et l'ayant filtré, j'en eus une liqueur qui, exposée au soleil, me donna une belle sélénite à
sa surface. La masse qui restoit , contenant

la plus grande partie de cette combinaison ne me parut être autre chose que du plâtre, car, légèrement calcinée, elle prit corps avec de l'eau.

Si ç'eut été là du spath régénéré, il est évident, qu'en y versant de l'acide vitriolique, il auroit dû s'en élever de cet acide prétendu spathique; c'est pourtant ce qui n'arriva pas, car j'eus la simplicité de l'essayer. Comment donc Scheele a-t-il pu dire que ce prétendu spath régénéré donnoit un acide tout pareil au spath. C'est ce qu'on ne conçoit pas, ou qu'on ne conçoit qu'autant qu'on s'imagine que ce chymiste n'a rapporté ceci que d'après son idée, et qu'il ne s'est point assuré par l'expérience de ce qui en est : c'est le défaut commun des chymistes.

14e. Il faut se rappeler aussi que Scheele dit, qu'en versant de son acide spathique sur une dissolution de terre calcaire, faite par l'acide nitreux ou marin, il obtenoit sur le champ un précipité fort abondant, occasionné par l'union de son acide du spath avec cette terre, ce qui régénéroit cette substance. Ce que je viens de rapporter pouvoit bien nous dispenser de nous arrêter à cette

allégation , et de croire qu'il y eut en cela
une régénération du spath ; mais cela ne me
dispensoit pas de croire qu'il y eut un précipité de sélénite , puisque je ne voyois dans
mon acide spathique que de l'acide vitriolique
chargé de la terre du spath; quoique , dis-je ,
l'expérience précédente eut pu me dispenser
d'en faire d'autres à ce sujet , je me résolus
pourtant à repéter celle-ci , pour voir ce qui
en arriveroit , et voir encore si ce que Scheele
rapporte là-dessus a quelque fondement.
D'ailleurs , trop de preuves ne pouvoient nuire à ma démonstration. Je fis en conséquence
une dissolution de terre calcaire dans l'acide
nitreux , et je versai dessus peu à peu mon
acide spathique. Je n'eus pas dans le moment,
comme je m'y attendois , un précipité ; ce ne
fut que long-tems après qu'il se forma des
cristaux dans la liqueur , et même en petite
quantité ; mais je vis que la terre du spath
unie à l'acide vitriolique est la cause de la
grande différence qu'il y a entre cet effet et
celui de l'acide vitriolique pur sur une pareille
dissolution. C'est donc dans cette terre du
spath , qui embarasse l'acide vitriolique , et
qui l'empêche de se porter dans le moment

sur la terre calcaire, tenue en dissolution pas
l'acide nitreux, qu'il faut chercher cette différence. Ce n'est qu'à la longue que cette
union se fait, mais pas de la même manière
que lorsque l'acide vitriolique est pur. Il y a
apparence qu'il s'y joint de cette terre du
spath. Je crois néanmoins, que dans le cas
où cet acide spathique seroit chargé de moins
de terre que n'étoit le mien, il pourroit y
avoir un précipité plus promptement et plus
abondemment. Il se peut donc que Scheele
ait eu un précipité comme il le dit, qu'il a
cru être son spath régénéré, sans pourtant en
avoir d'autre preuve que la formation de ce
précipité même.

15e. On sait aussi que Scheele prétend que
son acide du spath, combiné avec les métaux,
donne des sels tout particuliers. J'ai déja montré dans mon troisième mémoire sur le spath,
inséré dans le *Journal de Physique* de 1787 ;
ce qu'il faut croire encore de cette autre assertion, en montrant que cet acide combiné
avec le fer donne un vitriol aussi bon, aussi
parfait que celui qu'on obtient par toute autre
façon, ou lorsqu'on emploie de l'acide vitriolique pur. C'est ce que je voulus encore véri-

fier en cette occasion , et c'est à quoi j'employai la quatrième partie de mon acide spathique.

Ayant mis de la limaille de fer et de zinc
chacun en particulier dans un matras , je repartis dessus également cette portion de mon
acide. Je plaçai les vaisseaux au bain de sable ;
les ayant fait chauffer fortement , je vis que
cet acide agissoit sur ces métaux comme de
l'acide vitriolique ordinaire mêlé avec de
l'eau en abondance. Vingt-quatre heures
après, ayant filtré ces dissolutions , je vis que
celle du fer étoit d'un beau verd , et celle de
zinc blanche comme à l'ordinaire.

La première me donna, par une évaporation spontanée, c'est-à-dire, abandonnée à
l'air libre, de beaux cristaux de vitriol verd ;
et la seconde, par une évaporation forcée, me
donna des cristaux aiguillés , mais tels que
l'on sait que le donne le zinc avec l'acide vitriolique pur.

16e. Mais parmi les preuves qu'on exigeoit
de moi pour démontrer que ce prétendu acide du spath n'étoit que l'acide vitriolique
même chargé de la terre du spath, on exigeoit sur-tout que je pus faire voir que cet

acide se convertit en soufre avec le charbon, puisqu'on sait qu'il n'y a que cet acide seul qui ait cette faculté. On a vu en conséquence l'espèce de défit que me fait Macquer dans son *Dictionnaire de chymie*, et Scheele dans son second mémoire sur *le spath fluor* : bien persuadés l'un et l'autre que cela n'étoit pas possible, *attendu*, dit l'un, *que cet acide, non-seulement n'étoit pas l'acide vitriolique*, mais même qu'*il n'en contenoit nullement*. Et on a vu, je crois, complettement démontré, dans mon second mémoire, combien ce défit étoit mal fondé. On y a vu aussi que je n'ai pas fait seulement un peu de soufre, avec les sels qui résultent de la combinaison de l'acide spathique, avec les alkalis; mais même que j'ai converti tout ce qu'il y avoit de ces sels en foie de soufre, et que du tout j'ai obtenu un soufre aussi parfait que par toute autre méthode. C'est ce que j'ai répété en cette occasion et avec le même succès, et cela pour contenter un des témoins de ce nouveau travail sur le spath, qui, d'après des assurances si positives du contraire faites par les chymistes que je viens de nommer et par d'autres, ne pouvoit, disoit il, le croire, ainsi qu'il ne pouvoit croire que ces chymistes eussent pu voir si différemment. En employant tout le sel que j'avois eu de l'expérience 11⁰., j'obtins une bonne demi once de foie de soufre, que je fis couler sur une plaque, et sur lequel mon incrédule ne pouvoit se faire nullement illusion. Je ne crois pas qu'il y ait d'expérience plus complette que celle-là, ni plus démonstrative, pour faire voir qu'il n'existe pas d'autre acide dans le spath vitreux que celui qu'on y a mis (1).

---

(1) Dans mon premier mémoire sur le spath, c'est-à-dire, dans celui qui est inséré dans le tome X du *Journal de Physique*, je dis que j'ai essayé de faire passer ce prétendu acide du spath dans l'alkali, en fondant ces deux substances ensemble dans un creuset. Là-dessus Scheele dit que je n'ai pas bien opéré, et que c'est faute d'une suffisante quantité d'alkali que je n'ai point obtenu ce prétendu acide; et que, d'un autre côté, mon alkali, en restant trop long-tems à se fondre, étoit devenu caustique, et qu'il n'avoit pu opérer alors la décomposition du spath, c'est-à-dire, parce qu'il étoit privé d'air fixe, qui, se portant par une double affinité sur la terre du spath, tandis que le prétendu acide du spath se seroit joint à l'alkali fixe, auroit sollicité cette décomposition. Et là-dessus le traducteur des mémoires de

Après tant de preuves, je croyois parfaitement inutile de m'arrêter davantage à prou-

---

Scheele, dit que cette expérience réussit complettement tous les ans au cours de chymie de Dijon, et prétend même que c'est une règle à suivre pour faire de pareilles décompositions par la voie sèche. Mais je voudrois bien savoir en quoi cette expérience réussit si bien ? Est-ce dans le passage de l'acide du spath dans l'alkali ? L'y a-t-on trouvé, et complettement démontré ? Voilà l'essentiel, et ce que le traducteur ne dit pas, et ce qui étoit pourtant très-essentiel à dire : mais il y a lieu de croire que ce n'est-là encore qu'une assertion dénuée de preuves, comme on en débite tous les jours en chymie, et sur-tout dans les cours publics, d'après de petits essais qu'on n'achève même pas. L'alkali fixe, traité avec le spath comme je l'ai démontré, en quelque état qu'il soit, réussit également à en obtenir un peu de terre subtile, qui s'y tient dissoute ; ce qui a pu en imposer à des personnes qui se contentoient des apparences. Si le traducteur dont nous parlons s'étoit donné la peine de saturer son alkali, traité ainsi avec du spath, après l'avoir filtré et réduit à siccité, il eut vu son erreur, car il n'en auroit eu que de la la terre. Au surplus, on peut voir par-là ce que c'est que la prévention en chymie, et combien il faut se méfier de cette assurance donnée par les chymistes, imbus de quelqu'opinion ou de quelque système. La

ver que mon acide spathique n'étoit que l'acide vitriolique déguisé par cette terre ; il étoit tems d'examiner cette terre même, le sujet de toutes les erreurs le Scheele et de beaucoup d'autres sur le spath. C'est là la partie intéressante de nos recherches , puisqu'elles font connoître une terre particulière , et qui n'a aucune sorte de rapport avec toutes celles que nous connoissons déja. C'est cette terre , qui , d'une part , déguisant en quelque sorte l'acide qui monte avec elle , a fait croire à Scheele et à d'autres chymistes qui n'y regardoient pas de plus de près que lui , que cet acide étoit un acide particulier obtenu du sptah ; et , de l'autre part , en voyant la plus grande partie de cette terre nageante dans le balon , que c'étoit un nouveau produit , un quartz produit par cet acide même et l'eau ; en dernier lieu enfin que c'étoit le produit de la décomposition du verre, opérée, disoit-on, par cet acide spathique, qui avoit la propriété

---

moindre apparence devient preuve pour eux. C'est-là vraiment un grand mal, car cela retarde de beaucoup la connoissance de la vérité, et fait dominer, au contraire , fort long-tems l'erreur.

de dissoudre le quartz et de l'élever avec lui ; effet bien extraordinaire, et qui méritoit d'être examiné avant qu'on le crut. Nous ne releverons pas la première opinion, puisque, selon ce que j'ai vu dans le *Journal Chymique* de Créel, Scheele et ceux qui l'avoient adopté d'après lui, la trouvant enfin, sans doute, dépourvue de fondement, l'avoient rejetée. Et ils avoient bien fait, car s'il s'étoit jamais débité en chymie, une chose incroyable, et même absurde, c'étoit bien celle-là. La seconde opinion n'est guère plus raisonnable, ou plus croyabble en bonne chymie, et elle ne mérite guère plus que nous nous y arrétions. Mais comme elle a eu beaucoup plus de partisans, et qu'en dernier lieu même un chymiste a prétendu en avoir démontré la vérité, nous croyons devoir l'examiner un instant. D'abord, je demanderai si on s'étoit bien convaincu que ce prétendu acide eut la propriété de dissoudre le quartz ; que s'il est vrai que cet acide eut cette propriété, il n'étoit pas tellement chargé de quartz qu'il ne pût bien en dissoudre encore, ce qu'on pouvoit vérifier facilement (1). Et en second

_______________

(1) Je ne faisois pas assez de cas de cette opinion

lieu, je demanderai si on croit qu'une cornue, du verre le plus mince, comme le sont
en effet tous ces vaisseaux, et sur-tout dans
leur fond, eut pu fournir autant de terre

---

pour m'y arrêter ; mais le jeune docteur dont j'ai
parlé ci-devant, qui ne pouvoit comprendre que des
chymistes d'une si grande réputation eussent pu l'a-
vancer s'il n'y avoit pas quelque chose de fondé ; et
qui vouloit vérifier, en même tems, si ce que l'on
avoit avancé touchant la propriété de graver de cet
acide sur le verre, et la faculté qu'on lui attribuoit
encore de dissoudre les pierres précieuses, étoient
véritables ; ce jeune docteur, dis-je, prit un morceau de quartz bien pur et bien transparent, et en
ayant retenu le poids exactement, il le mit dans ce
prétendu acide du spath, et l'ayant fait chauffer au
bain de sable pendant deux ou trois jours, il ne trouva pas que ce quatz eut diminué de la moindre chose. Il vit ensuite que cet acide n'agissoit pas mieux
sur le verre, mais qu'il y déposoit de sa terre comme
dans la cornue et le balon où il distille, laquelle s'y
incrustoit tellement qu'elle y marquoit très-bien les
traits qu'on y avoit tracés. On trouve encore en cela
une preuve de la légéreté de ces nouveaux observateurs en chymie, et combien peu ils sont capables
de développer la vérité. Aussi voyons nous que presque tous leurs pas dans cette science sont accom-
pagnés d'erreurs ou de fausses idées.

quartzeuse

quartzeuse que j'en ai obtenu dans mes distillations, c'est-à-dire, 2 gros et demi, et
cela dans un espace de fond qui n'étoit pas
plus grand qu'un écu de six livres. Et en troisième, lieu je démanderois si on s'étoit assuré que cet acide eut la faculté de volatiliser cette terre avec lui, tandis qu'on sait,
par tout ce que la chymie nous a fait connoître jusqu'à présent, que cette terre est la
plus fixe de toutes et la moins susceptible
de s'élever même avec les matières les plus
volatiles. Non, rien de tout cela n'a été reconnu ou vérifié ; et on s'est pourtant empressé d'adopter tout cela comme une chose
démontrée (1). Mais comme il est bien

---

(1) Il est vrai qu'on a fait beaucoup valoir une expérience de Meyer, chymiste allemand, pour prouver que l'acide spathique a véritablement la propriété de dissoudre le quartz, et de l'élever avec lui
dans sa distillation. Cette expérience consiste à mettre dans trois cucurbites d'étain une dose égale de
spath et d'acide vitriolique ; de mettre de plus dans
une du quartz pulvérisé, et dans une autre du verre
également bien pulvérisé. Ces trois cucurbites étant
exposées au même degré de feu, on place sur cha-

D

prouvé que, pendant la distillation de l'acide vitriolique sur le spath, le verre de la cornue

---

cune une éponge humectée, et l'auteur prétend qu'au bout d'une demi-heure, l'éponge de celle où est le verre, se trouve couverte d'une poussière pareille à celle qui se trouve dans le balon, après la distillation de l'acide vitriolique sur le spath, et que douze heures après l'éponge qui est sur la cucurbite où est le quartz est pareillement couverte de poussière, tandis que celle où il n'y a que le spath seul avec l'acide vitriolique n'a rien. Qui ne croiroit que, d'après des faits avancés si positivement, on est parvenu à démontrer ce qu'on vouloit démontrer ? Mais cette expérience, en la supposant même aussi exacte et aussi bien observée que ce chymiste l'a avancé, ne doit pas être fort concluante pour lui ; car on lui demande d'abord pourquoi l'acide prétendu du spath n'enlève pas aussi bien, et même mieux, la poussière du quartz pur, que celle du verre où il faut qu'il l'arrache, pour ainsi dire, en décomposant le verre ? C'étoit bien plutôt du quartz pur et pulvérisé que, selon les principes de ce chymiste, on pouvoit espérer d'obtenir cette poussière en si peu de tems. Il faut avouer que la logique de ce chymiste, n'est pas des plus strictes ; car cette objection, qu'il auroit dû se faire à lui-même, devoit l'arrêter, et l'obliger à rechercher la cause de cette différence si frapante : il l'auroit peut-être trouvée dans le verre mieux arrangé

est rongé, il faudra bien rapporter la cause
de cet effet à toute autre chose qu'à ce

---

dans le fond de la cucurbite, qui a empêché l'acide
vitriolique d'agir sur son fond, qui a fait aussi qu'il a
pu pénétrer le spath plus facilement, et qu'il a porté
moins d'obstacle à l'action de l'acide sur le spath, que
le quartz dans la sienne. Quand à celle où il n'y avoit
que l'acide vitriolique et le spath seul, il ne de-voi
pas, me semble, être fort difficile de voir que l'action
de l'acide sur le spath étoit détournée par l'étain
même, sur lequel l'acide concentré doit agir. Mais
quand bien même cette expérience seroit aussi exactement faite et examinée qu'elle me le paroît peu, on
doit toujours demander si la poussière, qui s'est atta-
chée aux deux éponges, est véritablement du quartz?
car voilà l'essentiel, et ce que l'auteur non-seulement ne dit pas, mais ne s'est même pas mis en peine
de prouver. C'est cette expérience pourtant qui a fait
changer d'opinion au citoyen Morveau, sur la nature de la poussière qui s'élève dans le balon lors de
la distillation opérée par l'acide vitriolique sur le
spath, et qui lui a persuadé qu'elle est due véritablement au quartz du verre. Voilà ce qu'il m'a écrit
le 23 janvier 1787, après avoir répété lui-même cette
expérience, qu'il a trouvé fort juste. Mais le principal de cette démonstration, savoir, si la poussière
qui est venue s'attacher à ces éponges est ou n'est pas
de quartz, est resté pour lui comme pour le chy-

prétendu acide du spath, s'il est démontré qu'il n'y existe pas. Nous serons d'autant plus obligés de le rapporter à l'acide vitriolique, lui-même uni à cette terre, que nous verrons dans la suite que c'est le seul qui, distillé sur le spath, produise cet effet. Cela sera au moins une preuve convaincante, même pour ceux qui sont les plus difficiles à convaincre, qu'il n'existe pas d'acide dans le spath, que cet acide n'est pas le même et identique dans toutes les circonstances, et qu'il diffère autant que les acides qui ont servi à le retirer différent entr'eux. Cela fera voir par conséquent combien Scheele avoit tort de dire que cet acide prétendu étoit le même, quoiqu'il fut retiré par des acides différens.

Je crois qu'on peut expliquer le rongement du verre pendant la distillation de l'acide vitriolique sur le spath, en disant que cette terre subtile du spath, en s'insinuant dans les pores du verre, et cela dans un tems où la grande chaleur les ouvre fort, y donne en-

---

miste allemand indécis ; et c'est toujous aux apparances qu'on s'en tient. Hé bien, on ose terminer cette difficulté, en assurant que cette poussière n'est pas du quartz, mais bien du spath.

trée à cet acide, qui attaque l'alkali du verre, et en occasionne la décomposition. On ne pourra pas douter que cet effet ne soit dû, au moins en grande partie, à l'acide même, puisque ce n'est qu'à la place même où se trouve l'acide vitriolique, et au-dessous de la masse du mélange, que cet effet a lieu ; et c'est un fait certain que le verre ne se trouve pas rongé ailleurs, mais blanchi par l'incrustation de cette terre subtile du spath. Ceci m'a donné lieu d'observer deux effets de cette terre : l'un où le verre est totalement décomposé, c'est-à-dire, là où l'acide vitriolique en masse, animé par la chaleur, pénètre le verre en même tems que la terre du spath ; et l'autre où la terre seule, mais très-divisée par cet acide, s'attache au verre, et s'insinue seulement dans ses pores, ce qui le rend opâque comme de la porcelaine. Une des propriétés de cette terre est, comme nous le verrons plus loin, de rendre tous les verres plus ou moins, opâques, selon la quantité de cette terre.

17e. J'ai déja dit que cette terre, bien pure, celle des croûtes par exemple, bien lavée, et restée insipide sur le filtre, étoit très-dif-

ficile à entrer en fusion , ce que Scheele avoit
remarqué aussi ; mais qu'étant mélée avec
celle qui avoit été précipitée de la liqueur
au moyen de l'alkali fixe , elle entroit en fusion avec une promptitude qui étonnoit, et
qu'elle couloit comme de l'eau , en se divi-
sant en petites gouttes sphériques , comme
le borax et le sel microscosmique ; que cette fusion se fait fort tanquillement et sans
le moindre gonflement , tandis qu'il n'en est
pas ainsi dans la fonte du quartz avec l'alkali. Et j'ai déja dit au même endroit, qu'au
lieu de former un verre transparent , cette
matière vitriforme n'étoit jamais qu'un émail
d'un beau blanc. C'est encore l'expérience
que je répétai en cette occasion , où je vis
mieux que je ne l'avois fait , que cette espèce
d'émail étoit fort friable et qu'elle se brisoit
très-facilement d'elle-même.

18e. Et pour prouver que cette fusibilité
étoit due à l'alkali , ou peut-être même à une
très-petite portion de la terre même de l'alkali , qui , dans tous les cas s'en détache plus
ou moins , lors de la saturation par les acides , je mis dans un autre creuset environ
40 grains de terre de croûtes avec une petite

pincée d'alkali ; cette terre entra également en fusion et forma pareillement un verre émaillé et friable.

Quoique par ces deux expériences , il semble que cette terre ne puisse pas entrer en fusion sans l'addition de l'alkali , et qu'on soit porté par-là à trouver de la ressemblance entre notre terre du spath et la terre quartzeuse ; on y doit trouver néanmoins une grande différence : d'abord par la facilité et la promptitude avec laquelle cette terre se fond, et ensuite parce qu'il ne faut que très-peu de ce sel alkali pour opérer cette fusion, tandis qu'il en faut beaucoup pour opérer celle du quartz , et que le verre qui en résulte est toujours tenace. Comment donc Scheele a-t-il pu se laisser tromper par cette ressemblance prétendue ? c'est ce qui ne se conçoit pas.

19e. A l'égard de l'opacité de ce verre du spath , et de la singulière facilité qu'il a de se fondre et de couler, le cit. Achard avoit fait aussi la même remarque que moi ; et Scheele lui avoit répondu que s'il avoit tenu plus long-tems ce verre en fusion , il l'auroit amené au point d'être transparent, et semblable en tout au verre ordinaire. Mais nous l'avons tenu en fusion au moins deux heures, et nous n'avons pas trouvé qu'il eut acquis de la transparence, ni qu'il eut changé d'ailleurs en quoique ce soit. Au contraire, nous avons vu, dans d'autres circonstances, que cette terre marque toujours son caractère de rendre opaque les verres où il se trouve : une pincée de cette terre jetée sur du verre de vitre en fusion, en fait disparoître la transparence, et le rend un peu laiteux ; mais aussi elle le rend plus coulant. On peut d'ailleurs voir par les nombreuses expériences du cit. Achard, que ce chymiste n'a pas eu facilement des verres transparens en fondant cette terre avec d'autres terres, et sur-tout lorsqu'il y avoit de l'alkali ; par où l'on seroit porté à croire, que bien loin que cette substance saline soit propre à convertir cette terre un verre transparent, comme elle le fait du quartz, elle l'en détourne au contraire : ce qui marqueroit encore une très-grande différence entre ces deux terres.

20e. Notre terre du spath peut encore être reconnue comme fort différente de la terre du quartz, si on la considère dans sa manière de se comporter avec les alkalis par la voie humide. Je ne crois pas, par exemple, que la terre quartzeuse , quelque divisée qu'elle soit , puisse être dissoute , par l'alkali fixe , en liqueur comme notre terre du spath. C'est ce que nous avons déja observé ci-devant , en la précipitant de la liqueur acide par l'alkali fixe , où un excès de cette matière saline en avoit retenu beaucoup dans l'eau. Scheele , qui avoit fait aussi cette remarque , en avoit pris une nouvelle occasion de comparer cette terre du Spath avec celle du quartz. Il dit que cette terre dissoute ainsi, donne un *magma* tout pareil à celui de la terre du quartz , lorsqu'on la précipite de cet alkali.

Pour vérifier cela , je mis quelques grains de cette terre du spath avec de l'alkali fixe en liqueur dans un petit matras. L'ayant fait chauffer au bain de sable pendant quelques heures , je trouvai en effet qu'il s'en étoit dissout quelque peu. L'alkali étoit devenu en conséquence un peu louche. Mais il me parut que cette dissolution s'effectuoit bien mieux lorsqu'il y avoit beaucoup d'eau mêlée à cet alkali; en quoi encore cette terre diffère fort de la quartzeuse , qui se précipite d'autant plus facilement que le mélange se trouve plus étendu d'eau. Cette dernière

remarque me fit croire aussi que l'eau dissolvoit elle-même une portion de cette terre ,
peut-être au moyen de l'air acide qui lui étoit
uni , l'ayant précipitée par un alkali qui en
étoit chargé jusqu'à un certain point. Et je
fus bien persuadé que je ne me trompois pas ,
quand , ayant fait passer beaucoup d'eau sur
un filtre où il y avoit de cette terre déposée ,
après l'avoir précipitée de son dissolvant acide , au moyen de l'alkali fixe, où pourtant
je n'avois employé que la dose convenable
de cet alkali pour saturer cet acide , je vis
que ma terre disparoissoit à vue d'œil, et à
mesure que j'y repassois de l'eau pour l'édulcorer. Pour m'assurer encore plus de cette
vérité, je mis de cette terre avec de l'alkali
volatil caustique, comme j'en avois mis avec
l'alkali fixe ; mais il n'y en eut pas la moindre partie de dissoute , quelque quantité
d'eau que j'y eusse mis : par où je vis la
raison pourquoi j'avois obtenu beaucoup plus
de précipité de l'acide spathique , en employant de l'alkali volatil privé d'air acide
pour en obtenir la terre du spath , et pourquoi j'avois obtenu par-là un sel beaucoup
plus pur et plus cristallisable que par l'al-

kali fixe; je vis enfin, que, pour séparer plus complettement cette terre de l'acide, il falloit employer l'un ou l'autre alkali caustique (1), et sur-tout ces alkalis réunis qui m'ont paru toujours plus propres à opérer cette précipitation plus exactement que l'alkali fixe seul, n'ayant par eux-mêmes, selon ce que nous venons de voir, aucune action sur cette terre.

---

(1) Nous nous servons de cette occasion pour faire observer qu'il ne faut pas confondre ici les alkalis rendus caustiques par la chaux, car ceux-ci sont fort différens des autres qui n'ont été rendus caustiques que par la calcination seule. Les premiers, bien plus caustiques, ont d'autres propriétés, en raison d'une portion de terre qu'ils ont retenu à l'instant où ils ont été calcinés, ou qu'ils ont été mis ensemble. Enfin, on y découvre cette terre en assez grande quantité, par leur saturation avec les acides, ou par leur fusion où ils redeviennent purs. Cette distinction, qui m'a paru d'autant plus importante que la terre que ces alkalis contiennent peut fort induire en erreur dans les précipitations, en fournissant cette terre ; cette distinction, dis-je, auroit bien dû être faite par les nouveaux chymistes, et en ne la faisant pas ils ont laissé croire que tous ces alkalis étoient les mêmes par rapport à leur causticité.

Quatre onces d'eau saturée d'air acide ont dissout 7 grains de cette terre précipitée par l'alkali fixe non caustique, et 4 grains de la même terre précipitée par l'alkali volatil caustique ont été dissous dans la même quantité de cette eau. Mais il est essentiel que je dise ici que la terre du spath, qui forme les croûtes dans le balon, est fort différente à cet égard de celle qui a été précipitée de l'acide par les alkalis. Celle-ci m'a paru ne point se dissoudre dans l'eau quoique chargée d'air acide. J'ai attribué cette différence à l'état fort différent de cette terre ; car au lieu d'être subtile, comme l'autre, elle est comme cristallisée : vue à la loupe, elle paroît être de la sélénité et semble être cristallisée de même.

21e. D'après ce que je venois de voir de la disposition de cette terre à s'unir avec l'alkali fixe, je pouvois croire facilement qu'elle pourroit opérer la décomposition des sels de nitre et marin, ainsi que le font les terres argilleuses. En conséquence de cette idée, j'ai mêlé une demi-once de sel de nitre avec 30 grains de cette terre, j'en ai fait autant avec le sel marin, et j'ai mis ces deux mé-

langes, chacun en particulier, dans un petit creuset, et les ayant placés dans un fourneau, je les y ai entretenus rouges pendant
deux heures. Au bout de ce tems j'ai trouvé
que le nitre avoit été totalement décomposé, et même que sa base étoit entrée en fusion avec la terre, et avoit formé ensemble
un verre opaque et de couleur violette. Mais
le sel marin, qui étoit devenu couleur de
chair, n'étoit point décomposé, probablement parce que je n'avois pas employé assez
de terre, et tenu le creuset assez long-tems
au feu. A la vérité, cette expérience étoit
bien propre à soutenir à quelque égard le
parallèle que faisoit Scheele de sa terre du
spath avec le quartz, puisqu'on sait aujour-
d'hui que la terre du quartz décompose le
nitre de la même manière (1). La seule dif-

_______________

(1) C'est ce que j'ai démontré dans un mémoire
imprimé, dans le quatrième vol. de l'*Académie de
Turin*, pour les années 1766 et 1769, et cela dans
un tems où l'on croyoit que cette décomposition ne
pouvoit se faire que par l'acide vitriolique caché dans
ces terres, comme l'avoit enseigné Stahl. C'est par-
là que je trouvai le moyen d'expliquer la raison pour-

férence qu'on peut y trouver, c'est que le quartz fait toujours en pareille occasion un verre parfaitem nt transparent, quand il n'y a pas avec lui de matière étrangère telles que de la craye ou de l'argille, qui donnent lieu à la formation d'un verre opaque ou d'une scorie noirât e.

22e. Mais l'action des acides sur cette terre du spath, avouée par Scheele même, ne laisse aucun équivoque sur la différence très-remarquable qu'il y a entre notre terre du spath et celle du quartz ; car j'ai montré ailleurs que la terre quartzeuse, de quelque manière qu'elle soit traitée, n'est nullement dissoluble dans les acid s ; ce qui a été enfin avoué par le cit. Morveau lui même, après avoir soutenu fortement le contraire. Au lieu que tous les acides ont plus ou moins d'action sur la terre du spath, même celui du vinaigre, comme nous le verrons plus loin. La dissolution plus ou moins grande de cette terre dans les acides, est toujours relative

---

quoi on convertit le nitre en verre, lorsqu'on le traite avec du sable, ce qui ne pouvoit s'expliquer dans l'hypothèse de Stahl.

à leur quantité plus ou moins grande ou à leur excès sur cette terre ; par où l'on peut juger qu'il ne doit s'y en dissoudre qu'une très-petite quantité, et par conséquent qu'il n'est pas possible d'en saturer les acides ; conséquemment encore qu'il ne peut résulter aucune sorte de matière saline de ces sortes de dissolutions : bien loin de-là, tous les acides laissent précipiter cette terre peu à peu.

Ce qui doit paroître fort singulier, c'est que l'acide vitriolique concentré, qui enlève le plus de cette terre, en distillant sur le spath, ne la retient pas plus que les autres acides ; cette terre s'en sépare comme des autres acides, et même plus promptement, lorsqu'il s'unit à l'eau ; ce qui donne lieu, comme nous l'avons vu, à la formation des croûtes. De-là il résulte que plus un acide sera concentré, plus il dissoudra et retiendra de cette terre, et que moins il sera concentré, ou plus il sera aqueux, moins il dissoudra et retiendra de cette terre. Et c'est en cela seul qu'on seroit tenté d'attribuer la différence qu'il y a entre la manière d'agir des acides sur cette terre, et que, s'il étoit possible de

les porter tous au même point de concentration, on les mettroit en état d'en dissoudre
également. Mais on verra plus loin qu'il y
a à cet égard une différence réelle et fon-
dée sur les affinités différentes de cette terre
avec les acides.

J'ai mis 16 grains de terre spathique avec
beaucoup d'acide vitriolique aqueux, ou ce
qu'on appelle esprit de vitriol, et après avoir
fait chauffer long-tems le matras au bain de
sable, il n'y a pas eu plus de 2 grains de
cette terre de dissous. L'acide nitreux est
celui qui m'a paru en dissoudre le plus dans
cet état aqueux. Mais ce qu'il y a de remarquable, c'est que l'acide vitriolique versé dans cette espèce de dissolution, semble
s'emparer de cette terre, car quelque tems
après on voit paroître dans la liqueur de petits cristaux, qui y nagent à peu près comme
la sélénite. Il en est de même de la dissolution de cette terre dans l'acide marin. Mais
cet acide semble avoir le même avantage sur
l'acide nitreux.

Nous verrons plus loin, lorsque nous parlerons de l'action des acides sur le spath,
qu'en général ces acides concentrés et ani-
més

més par la chaleur , dissolvent beaucoup plus de cette terre qu'ils n'en peuvent garder , et pourquoi ils lachent de cette terre plus ou moins dans le repos, lorsqu'on les unit à de l'eau. Qui est-ce qui auroit pu croire qu'une chose si simple à voir, si facile à juger , eut pourtant été si méconnue par Scheele ? qui, dans sa première dissertation sur le spath qui nous occupe, prétend que c'est-là une preuve que cet acide spathique se change peu à peu en quartz. C'est-là un effet bien extraordinaire de la prévention , donnée par un systéme au travers duquel on ne voit plus que ce qui lui est favorable.

C'est ici le lieu de rappeler une expérience que j'ai rapportée dans mon second mémoire sur le spath inséré dans le *Journal de Physique*, en 1787, qui a paru bien convaincante aux gens désintéressés, pour prouver d'une part que la terre du spath est susceptible de se redissoudre dans un acide concentré , bien mieux encore que dans un acide affoibli ; et de l'autre que cette terre réforme le prétendu acide du spath avec l'acide vitriolique. Cette expérience consiste à mettre dans une cornue de la terre du spath obte-

E

nue des acides distillés sur le spath ; de verser dessus de l'acide vitriolique concentré ou ce qu'on appelle l'huile de vitriol, et de pousser ce mélange au feu, comme le spath cru avec le même acide. J'ai dit que j'avois eu beaucoup de peine d'abord à faire monter quelque chose de ce mélange, mais que lorsque la cornue fut fortement échauffée, jusqu'à ne pouvoir endurer la main sur sa voûte, cette terre avoit commencé à se noircir, et enfin qu'il s'étoit élevé un esprit acide spathique, à peu près pareil à celui que donne d'abord le spath cru avec le même acide. Je dis à peu près, parce qu'il est très-vrai qu'il n'étoit pas si volatil ni autant chargé de terre ; sans doute parce que l'air fixe ou acide, et l'air vital, à qui nous avons attribué une grande partie de la cause de la volatilité de cet acide, n'étoit plus en aussi grande quantité dans cette terre que dans le spath cru. Voilà pourquoi il n'y a pas eu d'effervescence, et que le mélange ne s'est pas gonflé, comme dans la distillation de l'acide vitriolique sur le spath cru : au contraire, le tout s'est passé fort tranquillement.

Mais une des plus singulières propriétés

de cette terre, est de s'attacher à quelques métaux, et de les précipiter de leur dissolvant. C'est la remarque que nous avons faite dans notre premier mémoire sur le spath, imprimé dans le *Journal de Physique*, année 1777, à l'occasion de l'auteur de la dissertation qui a paru sous le nom de Boulanger, qui prétendoit démontrer par-là que l'acide du spath n'étoit autre chose que l'acide marin qui avoit, disoit-il, formé avec la dissolution *mercurielle nitreuse* un muriate de mercure, et avec celle d'argent faite par le même acide un muriate de lune ou argent corné. Nous avons fait voir qu'en effet ces précipités blancs sont capables d'en imposer, mais qu'en sublimant celui de mercure, on n'obtient point de sublimé mercuriel, mais bien une poudre noire dans la voûte et le col du vaisseau, consistant dans le mercure même divisé en petits globules, et mêlé avec une partie de la terre du spath, enlevé sans doute par le mercure même, à cause de leur intime union ; tandis que la plus grande partie de la terre du spath, reste au fond du vaisseau, sous la forme d'une poudre d'un rouge jaunâtre ocracé, couleur due, sans doute, au fer du spath, monté dans la distillation (1). Et qu'à l'égard du précipité d'argent, l'ayant fondu dans un creuset, j'en avois obtenu de petits boutons d'argent dispersés dans la terre du spath, ce que le tout y avoit été d'ailleurs fort fixe. Dans le second mémoire inséré dans le *Journal de Physique*, année 1787 ; je dis que j'ai répété ces expériences, et qu'elles se sont trouvées exactement conformes aux premières.

Cette singulière propriété de la terre du spath de s'attacher aux métaux et de les séparer de leurs acides, est en effet bien propre à induire en erreur des gens prévenus que cet acide du spath n'est que l'acide marin un peu déguisé par de la terre ; mais devoit-on s'attendre qu'après avoir démontré si évidemment que je l'ai fait, le vrai de la

---

(1) On ne peut en effet attribuer qu'au fer seul ce changement de couleur dans la terre du spath ; et cela prouve aussi que ces parties métalliques s'élèvent, malgré leur grande fixité, avec un acide fort volatil autre que l'acide marin, car on sait que cet acide a cette propriété.

chose, on iroit encore soutenir qu'en effet
il y a de l'acide marin dans ce spath? comme
l'avance Scheele dans son second mémoire
sur le spath, qui, en cela, se contredit formellement, puisqu'il assure dans le premier
que le spath vitreux bien pur, n'est que la
combinaison pure et simple de la terre calcaire avec son acide spathique. Il a beau dire que ce n'est qu'accidentellement qu'il
se trouve de l'acide marin dans le spath, et
que ce n'est jamais qu'en très-petite partie;
il n'en est pas moins inconséquent d'autoriser ainsi l'opinion de l'auteur de la dissertation sous le nom de Boulanger. Il est vrai
que cet auteur dit si positivement, qu'il a
eu un véritable sublimé de mercure, en
traitant ce précipité comme je viens de le
dire, qu'il falloit bien en croire quelque
chose, lorsqu'on n'a pas pris la peine de
répéter soi-même ces expériences, ou qu'on
s'en est tenu qu'à de très-petits essais, comme il paroît que Scheele l'a fait. Mais je
puis assurer encore qu'il n'y a pas un mot
de vrai en tout cela, et qu'il n'y a pas un
atome d'acide marin dans le spath vitreux;
et que quand bien même il n'y auroit pas

E 3

dans ces précipitations une union de la terre du spath avec ces métaux, il n'en seroit
pas moins vrai qu'ils seroient précipités par
l'acide vitriolique qui constitue cet acide
spathique, et de la même manière que l'on
sait que l'acide vitriolique pur et simple
le fait ; et vraisemblablement cette union
de la terre du spath avec ces métaux, n'a
lieu qu'à cause de cet effet ordinaire de l'a-
cide vitriolique sur eux ; car je n'ai pas remarqué que cette terre du spath s'attachât
d'elle-même à ces métaux. Je n'ai point répété ces expériences en cette occasion; car,
les ayant répétées deux fois très-authenti-
quement devant des personnes qui étoient
en état d'en juger, et en des proportions assez considérables pour ne pas me faire illusion, mais rendre, au contraire, la démonstration claire et très-évidente ; j'ai cru que
cela étoit fort inutile en cette occasion, et
qu'il valloit mieux employer mon tems à faire des choses que je n'avois pas faites encore.

Je ne détaillerai pas non plus l'expérience
si simple, et que tout le monde peut faire
si aisément, de la précipitation de la terre
du spath, par la matière colorante du bleu

de Prusse, que j'ai fait connoître dans mon premier mémoire, et que Scheele me conteste dans son second ; prétendant que je me suis servi d'une liqueur de Prusse qui n'étoit pas parfaitement saturée de la matière colorante ; comme si une liqueur du bleu de Prusse quelle qu'elle soit, dès qu'elle donne un précipité bleu, ne fait pas axactement la même chose pour moi.

Mais d'abord je dois dire qu'il est très-véritable que ma liqueur du bleu de Prusse étoit parfaitement saturée, et qui plus est, qu'elle étoit vieille, qu'elle avoit déposée plusieurs fois des matières qui l'avoient déchargée, qu'elle étoit d'un jaune citron et très-pure ; telle, en un mot, que je n'avois point à craindre qu'elle m'induisit en erreur, comme certaines lessives du bleu de Prusse, qui donnent un précipité bleu par la seule addition d'un acide, à cause des matières étrangères qu'elles contiennent. La mienne étoit faite avec de l'alkali fixe, et non avec de la chaux, comme le veut Scheele, pour faire cette sorte d'essais ; j'aurois trop craint d'être induit en erreur en me servant d'une telle liqueur ; car la chaux s'unissant à l'acide vitriolique,

E 4

qui forme l'acide spathique , et formant par-
là de la sélénité , auroit pu augmenter mon
précipité considérablement (1).

Rien n'est plus véritable que ce précipité
bleu s'opéroit dans la liqueur acide spathique la plus pure , par la liqueur du bleu de
Prusse saturée ; et cela étant si facile à vérifier , je suis étonné que Scheele ne l'aie
pas vu. Si maintenant on me conteste , comme Scheele, que ce précipité bleu provienne
de la terre du spath , et qu'on veuille qu'il
ne soit dû qu'au fer seul ; il faudra au moins
convenir que le fer du spath monte dans la
distillation de l'acide vitriolique sur le spath.
Mais comme j'ai vu que ce précipité bleu se
fait dans cette liqueur d'autant plus abondamment qu'elle contient davantage de cette

------

(1) C'est un engouement général aujourd'hui ;
parmi les chymistes modernes, de se servir d'une
liqueur du bleu de Prusse, faite par la chaux ,
parce que Scheele, leur apôtre , l'a prescrit. Mais
on peut assurer qu'à chaque fois qu'ils s'en servent
dans des occasions pareilles , c'est-à-dire , où il y a
de l'acide vitriolique en concours, il en résulte plus
de précipité qu'on n'a lieu d'en attendre naturellement, et cela par la raison que nous exposons ici.

terre, et que j'ai reconnu de la terre du
spath dans ce même précipité, que je n'ai
jamais vu aussi foncé que celui qui est fait
par le fer seul ; je pense qu'on ne peut plus
mettre en doute la vérité de ma démonstration. Je ne nierai pourtant pas que le fer ne
contribue pour sa part à ce précipité ; il y
a même lieu de croire que c'est lui qui en
détermine la couleur, et que la terre du spath
l'étend seulement. Cela étant, il faut conce-
voir une telle union entre cette terre du spath
et les parties de fer qui peuvent s'y trouver, que l'une et l'autre sont inséparables,
et de telle sorte que l'acide n'en peut pas
élever une sans élever l'autre. Il est impossible d'expliquer ce phénomène autrement,
puisqu'on sait que l'acide vitriolique a été
regardé jusqu'ici comme incapable d'enlever
par lui-même la moindre partie de ce métal. Remarquons encore, puisque l'occasion
s'en trouve, que les acides marin et nitreux
distillés sur le spath, donnent également des
précipités bleus avec la même liqueur du
bleu de Prusse. Quand au premier acide, à
la vérité, cela ne doit point étonner, puisqu'il est démontré que cet acide emporte

toujours en distillant plus ou moins des parties de fer par tout où il en trouve ; mais
le second n'étoit pas plus connu que l'acide
vitriolique pour avoir cette propriété.

22ᵉ. On sait encore que Scheele, pour
prouver l'identité de son acide du spath,
a soutenu que les acides nitreux et marin,
distillés sur cette substance, en dégagent
un acide tout pareil à celui qu'on en retire
par l'acide vitriolique, et qu'on trouve dans
les cornues, après ces distillations, des résidus salins tels que les fournissent ces acides
avec les terres calcaires. Scheele a été même
jusqu'à soutenir que l'acide phosphorique
produisoit absolument le même effet ; que
dans tous ces cas on avoit dans le balon une
croûte et une poussière attachées à ses parois ; et depuis peu un autre chymiste allemand a prétendu retirer par le prétendu acide arsenical, le prétendu acide du spath (1),
et aussi bien que par tout autre acide ; ce
qui est encore conforme à ce qu'a dit Scheele,

---

(1) Nous verrons plus loin qu'il n'y a pas plus d'a-
cide arsenical que d'acide du spath, et que Scheele
a erré à cet égard comme à l'égard du spath.

qui a regardé son acide de l'arsenic comme aussi parfait que les autres le sont dans leur espèce. On ne pouvoit accumuler plus de preuves pour soutenir une erreur, ou une chose tellement fausse, qu'on seroit tenté de croire que les uns et les autres n'ont rien fait à cet égard qui put les instruire véritablement, et qu'ils n'ont que suivi l'impulsion donnée à leur imagination par leurs idées systématiques. Je soutiens, au contraire, que le prétendu acide du spath, bien loin d'être identique et toujours le même, est aussi différent que les acides qu'on a employés à le retirer; que chacun de ces acides combiné avec la terre du spath présentent des caractères différens et qui leur sont tout à fait particuliers; en un mot, qu'ils ne sont que les acides qu'on a employés chargés de la terre du spath.

En démontrant dans mon premier mémoire et dans le second qu'il n'existe aucune sorte d'acide dans le spath, je me croyois dispensé de prouver cette autre vérité, puisqu'elle est la conséquence nécessaire de la première; mais le cit. Lametherie, rédacteur du *Journal de Physique*, ayant prétendu dans

une note ajoutée à la fin de mon second mémoire, que mes preuves n'étoient pas suffi-
santes sans cela ; et d'un autre côté M. de
Saluces m'ayant invité à examiner ce qui
résulteroit de la distillation de tous les acides sur le spath, autres que l'acide vitriolique, je crus devoir les satisfaire là-dessus.
Les expériences que je fis en conséquence,
me donnèrent lieu de dresser le troisième
mémoire, qui est inséré dans le *Journal de
Physique*, pour le mois de septembre 1787 :
il en résulte bien évidemment qu'il n'y a
pas la moindre comparaison à faire entre la
manière d'agir de tous les acides sur le spath.
Je ne parle pas, à la vérité, de l'acide phosphorique, parce que, bien convaincu que
cet acide ne pouvoit monter lui-même dans
cette opération, j'étois persuadé qu'il n'y
produiroit aucun effet. Je n'employois pas
alors non plus l'acide prétendu de l'arsenic,
parce que je le croyois également inutile, vu
que cet acide n'est point un acide particulier, et que, chargé lui-même d'une substance, il n'étoit pas plus propre à se charger
de la terre du spath, et à paroître sous la
forme d'un acide spathique.

Je m'en tins aux acides nitreux et marins comme étant les seuls qui pouvoient me donner des résultats suffisans là-dessus. D'abord, j'observai que ces acides dans l'état aqueux ou on les emploie communément, agissent sur le spath si différemment de l'acide vitriolique, que je ne concevois pas comment Scheele avoit pu comparer les effet de ces acides ensemble ; mais cela étoit nécessaire pour soutenir son idée de l'existence d'un acide particulier dans le spath ; et dès-lors il voyoit tout ce qu'il vouloit voir. Quant à moi, je vis que bien loin que ces acides agissent sur le spath comme l'acide vitriolique, ils n'y produisent pas même d'effervescence, et n'échauffent nullement la matière. Le tout reste calme et tranquille jusqu'à ce que la chaleur soit assez forte pour faire distiller ces acides comme s'ils étoient seuls. Cependant après la distillation je trouvai que ces acides étoient chargés jusqu'à un certain point de la terre du spath, que les alkalis en précipitoient même mieux que de l'acide vitriolique ; et je trouvai que les résidus étoient nullement gonflés, et qu'ils n'avoient été nullement dissous, bien loin de l'avoir été complettement comme le prétend Scheele. Je trouvai seulement que le spath avoit été divisé, et qu'en délayant ces résidus dans l'eau, on en séparoit encore beaucoup de cette terre subtile qui monte avec les acides dans la distillation; et qu'après avoir séparé autant qu'il étoit en moi cette terre par les lotions et les décantations, ce qui restoit n'avoit que l'apparence d'un sable. Cette dernière observation me conduisit à reconnoître enfin que la composition du spath consistoit dans l'union du quartz avec cette terre particulière; et comme il me semble que l'acide nitreux étoit celui qui avoit le mieux pénétré le tissu du spath, je m'en tins à lui pour analyser cette substance; ce qui devenoit pour moi la principale chose, ainsi qu'on le verra ci-après. Remarquons en attendant que les cornues où j'avois fait mes distillations, n'étoient nullement endommagées, que rien même ne s'étoit attaché au verre, ni dans la cornue, ni dans le balon; ce qui prouve, comme je l'ai dit, que l'acide vitriolique distillé sur le spath, produit réellement tous les effets par son union avec cette terre.

Les acides marin et nitreux distillés sur le spath en des proportions convenables, pour n'y pas être surabondantes à l'acide qu'on suppose dans cette substance, ne me paroissoient nullement différens de ce qu'ils sont ordinairement ; et si l'alkali fixe et la liqueur du bleu de Prusse, en y produisant chacun un précipité ( le premier un précipité blanc fort abondant, et le second un bleu léger ), n'avoient averti qu'ils n'étoient pas purs, on n'auroit guère pu les distinguer de ces acides, qui n'ont pas été distillés sur le spath. Seulement ils me paroissoient plus foibles que je les y avois mis : c'étoit sans doute à cause de cette terre qui en neutralisoit, en quelque sorte, une partie, tandis que la partie aqueuse y surabondoit l'autre. Je ne crus donc pas qu'il fut nécessaire de combiner ces acides avec les alkalis pour faire voir ce qu'ils sont. Je le fis pourtant pour ne laisser rien à désirer sur cet objet, et les sels que j'en obtins, ne différoient point de ceux que donnent ces acides dans leur état ordinaire. Il est vrai que je charchai par-là à reconnoître autre chose, qui me paroissoit bien plus important, c'étoit de savoir si la terre du spath, comme dans sa dissolution par l'acide vitriolique, ne s'en précipiteroit qu'en partie, et ne rendroit pas aussi ces sels confus en y restant en une certaine quantité, ou bien si cette terre ne s'en précipiteroit pas en totalité, et si les sels qui en résulteroient ne seroient pas parfaitement purs. Mais je vis encore à cet égard une très-grande différence entre ces dissolutions, car dans celle-ci la terre du spath fut précipitée en entier, et mes sels nitreux et marin furent aussi bien cristallisés que si je les avois faits avec des acides parfaitement purs ou qui n'auroient point distillé sur le spath. Cette séparation entière et exacte de la terre du spath des acides marin et nitreux, me fit croire que cette terre tenoit beaucoup moins à ces acides, qu'à l'acide vitriolique. En effet, ayant conservé pendant une année de ces acides spathiques dans des flacons, je trouvai qu'il s'y étoit fait un grand dépôt. Ayant transvasé ces acides dans d'autres flacons, je vis qu'ils s'étoient tellement déchargés de leur terre, qu'ils ne laissoient plus rien précipiter. Il est encore bon de faire remarquer que ces dépôts n'étoient pas tellement incrustés

dans

dans le verre que je ne pusse bien les en détacher facilement ; en quoi encore ces acides spathiques différoient fort de celui de l'acide vitriolique , dont il n'est pas possible de détacher entièrement les dépôts ; ce qui est tout à fait conforme à ce qui se passe dans les distillations de ces acides sur le spath. Une chose pourtant qu'on ne peut s'empêcher de remarquer ici et qui doit paroître fort singuliere , quant à l'acide vitriolique ( parce que dans toutes nos expériences il nous a semblé voir que la terre du spath avoit plus d'affinité avec cet acide qu'avec tout autre ) , c'est que l'acide vitriolique spathique en trois fois vingt-quatre heures, laisse ordinairement paroître sa terre. On voit que la terre commence à se déposer sur ses parois et que le flacon se blanchit ; tandis que l'acide marin ne laisse paroître la sienne qu'au bout de 8 à 10 jours, et l'acide nitreux un peu plus tard. Cette différence vient sans doute de ce que le premier acide prend beaucoup plus terre du spath que les autres acides ; et beaucoup plus qu'il n'en peut garder. Et, en général, on voit par-là que ces acides se chargent tous

F.

pendant leur distillation , d'une plus grande quantité de terre qu'ils n'en peuvent garder ; ce qui doit être attribué à la chaleur qui anime ces acides , et volatilise la terre par le moyen de ces acides : Quant au plus ou moins de terre du spath dont se chargent ces divers acides , nous verrons plus loin que cela dépend beaucoup de leur plus ou moins de cocentration ou de force.

23°. Comme mon intention étoit principalement en cette occasion d'analyser mon spath, j'en mis une once dans une cornue de verre , et y ayant versé 4 onces de bon acide nitreux, je poussai le tout à la distillation , comme à l'ordinaire , c'est-à-dire , jusqu'à siccité. Le lendemain , ayant délutés les vaisseaux , je lavai bien mon résidu avec de l'eau chaude, et en tirai par inclinaison peu à peu, et à chaque fois que j'y versai de l'eau, de la terre subtile , qui venoit avec cette eau. En ayant épuisé ainsi le résidu , il me resta une espèce de sable ; mais ce sable ne me paroissant pas assez pur et me semblant tenir encore de la nature du spath, je lui fis subir la même opération, avec 2 onces d'esprit de nitre. Après cette seconde distillation, je recommençai à laver ce résidu et à en décanter l'eau trouble. Il me resta enfin un sable véritablement quartzeux, qui craquoit sous les dents comme le sable ordinaire. L'ayant fait couler sur un filtre et dessécher, il se trouva peser 5 gros et demi. L'ayant mêlé avec partie égale d'alkali fixe, je le fis fondre devant la tuyère de ma forge en un verre transparent.

On voit donc par tout ce que nous venons de rapporter, que ce spath se comportoit pareillement à celui dont j'ai parlé dans le *Journal de Physique*. Cette seconde analyse confirme l'autre, et ne laisse enfin plus de doute sur les véritables parties constituantes de cette substance, si méconnue par Scheele et par tous ses adhérens.

La terre subtile que j'avois obtenue de mon spath par ces décantations, et que j'avois ramassée aussi sur un filtre, étoit bien cette même terre qui s'élève avec les acides dans la distillation; car, traitée avec les mêmes acides, elle s'y dissolvoit de même et les caractérisoit pareillement acide spathique, avec cette seule différence que ces dissolutions étoient plus chargées de fer; car

elles donnoient des précipités bleus plus abon-
dans avec la liqueur du bleu de Prusse, que
les mêmes acides distillés sur le spath. L'acide du vinaigre même dissolvoit une portion assez remarquable de cette terre, mais
ne s'en saturoit pas davantage.

24ᵉ. Ce dernier essai me suggera l'idée de
faire distiller aussi de l'acide du vinaigre sur
le spath cru. Je mis en conséquence une demi once de spath réduit en poudre fine dans
une petite cornue de verre ; et ayant versé dessus 2 onces d'acide du vinaigre, que
j'avois obtenu du verdet, je procédai à la
distillation comme j'avois fait pour les autres acides. Je trouvai en effet que mon acide du vinaigre avoit emporté un peu de la
terre du spath ; car l'alkali fixe versé dessus
jusqu'au point de saturation, y produisit un
petit précipité. Il est donc évident par-là
que la terre du spath a la propriété bien
décidée de se volatiliser avec tous les acides, sans cependant être volatile elle-même.
Au contraire, tout prouve qu'elle est très-fixe
au feu.

25ᵉ. Mais comme il me paroissoit assez
probable que cette terre étoit emportée par

les acides à proportion de ce qu'ils étoient forts ou foibles, j'imaginai encore de faire un essai qui devoit me montrer à quoi je devois m'en tenir là-dessus. Pour cela je mêlai ensemble, d'une part, une once de sel de nitre avec une once et demi de spath réduit en poudre fine, et, de l'autre, je mêlai une once de sel marin avec la même quantité de spath; et ayant mis ces mélanges chacun en particulier dans une cornue de verre neuve, je versai dans chacune une demi once d'huile de vitriol. Ces cornues étant placées au bain de sable, j'ajustai à chacune un petit balon dans lequel j'avois mis quelques gouttes d'eau distillée. Les vapeurs blanches de l'acide marin se faisant voir dans l'instant, le col de la cornue et le balon se trouvèrent bientôt tapissés d'une poudre blanche; ce qui me surprit d'autant plus agréablement, que nous avons vu que l'acide marin ordinaire ou affoibli par de l'eau, ne produit rien de pareil, et que cela prouvoit la vérité de la conjecture dont je viens de faire mention. Il se forma peu à peu sur l'eau distillée une croûte cristalline, semblable à celle qui se forme pendant la distillation de l'acide vi-

F 3

triolique sur le spath. Ce qui confirmoit, en quelque sorte, ce que dit Scheele, qu'ayant distillé deux parties d'acide marin fumant sur le spath, il en avoit eu une croûte toute semblable à celle qu'il avoit obtenue de l'acide vitriolique ; ce qui ne contribua pas peu à le confirmer dans son opinion, sur l'existence d'un acide particulier dans le spath, et dans l'idée qu'il avoit de son identité et de sa permanence. Mais il y eût ici cette différence que cette croûte, plus cristalline et qui me parut formée de petits cristaux à demi-transparens entrelassés l'un dans l'autre, se redissolvoit à mesure que le volume de la liqueur augmentoit ; c'est à-dire, que cette espèce de sel, se comportoit relativement à la nature de l'acide dont il étoit formé, que l'on sait former toujours des sels plus déliquescens , plus solubles dans l'eau, que ceux que constitue l'acide vitriolique. On sait aussi que l'acide marin chassé de sa base dans un état extrêmement concentré, monte en vapeurs blanches et sèches ; il n'y a donc rien d'étonnant, si dans cette opération, la terre du path emportée par cet acide, le fait paroître encore plus sec, et le neu-

tralise, en quelque sorte, d'abord ou jusqu'à
ce qu'il rencontre de l'humidité qui lui *en fait
lacher une partie*, ou ôte l'excès de l'acide à
cette terre. La liqueur que je trouvai dans le
balon, qui pouvoit encore être regardée malgré l'eau que j'y avois mise, comme un bon
esprit de sel fumant, étoit extrêmement chargée de la terre du spath ; car, l'ayant saturée
avec de l'alkali fixe déliquescent, j'en eus
une espèce de *magma*, mais qui, délayé
dans l'eau, laissa précipiter entièrement sa
terre ; ensorte que j'obtins de cette liqueur
filtrée, un sel aussi pur que celui que j'avois
obtenu de l'acide marin ordinaire distillé simplement sur le spath cru. La seule précaution qu'il faut avoir en cette circonstance
pour reconnoître la différence qu'il y a à cet
égard, c'est-à-dire, entre cet acide et l'acide
vitriolique spathique, est de ne pas outre-pas-
ser le point de saturation, sur-tout si cet alkali
est chargé d'air acide, pour qu'il ne reste
pas de cette terre en dissolution avec le sel
neutre. Il est vrai que dans tous les cas on
peut éviter, comme nous l'avons déja fait
observer, cet inconvénient, en se servant
de l'alkali fixe ou volatil privés de cet air

F 4

acide, et en cet état, qu'on a nommé assez mal à propos caustique, comme nous l'avons fait observer ci-devant.

Mais les choses furent bien différentes avec l'acide nitreux, quoique également concentré en partant de la cornue. Cet acide très-fumant, et qui remplissoit continuellement le balon de vapeurs rouges, n'emporte presque rien de la terre du spath, car à peine les alkalis, en le saturant, en dégagèrent-ils un peu de terre ; ce qui m'étonna d'autant plus, que j'avois regardé jusqu'alors l'acide nitreux comme le meilleur dissolvant de la terre du spath. Cette circonstance m'auroit fait changer entièrement d'opinion, si je n'avois pas envisagé d'une autre manière cette différence si remarquable, et que je n'eusse pas fait attention que dans cet état concentré, cet acide n'avoit presque pas de prise sur la terre du spath, tandis qu'au contraire l'acide marin concentré en avoit beaucoup ; car telle est l'affinité des corps les uns à l'égard des autres, qu'elle n'est jamais que relative à l'état actuel, et aux circonstances où ces corps se trouvent les uns relativement aux autres. Cela sera bien prouvé au moins par la comparaison qu'on fera de la maniére d'agir de l'acide nitreux aqueux ou acide nitreux ordinaire sur le spath, avec celle de ce même acide concentré sur cette même substance. On pourra voir que le premier se charge incomparablement plus de cette terre que le dernier. Quoiqu'il en soit de cette explication, je ne laissai pas de conclure que l'acide marin est l'acide qui a le plus d'affinité avec la terre du spath, et qui en dissout le plus après l'acide vitriolique.

Ici se terminèrent mes nouvelles recherches sur le spath vitreux. On voit par celui dont je me suis servi une nouvelle confirmation de tout ce que j'avois avancé dans *Journal de Physique*, et à la fin de ma réponse à Macquer touchant les affinités. On peut y voir, je pense, que s'il fut jamais une vérité démontrée incontestablement, c'est bien celle dont il s'agit ici, et qu'on ne peut pas même prendre pour prétexte la légère différence qu'il peut y avoir entre les diverses qualités de cette espéce de spath, pour soutenir que Scheele et les autres chymistes qui l'ont imité, ont avancé quelque chose de véritable sur la nature de cette substance.

## Du prétendu acide du sucre ou acide saccarin.

Je viens de montrer, pour la quatrième fois, sur un article important, des erreurs palpables à la place des vérités que Scheele pouvoit voir tout aussi bien que moi, si son esprit n'avoit pas été faciné, pour ainsi dire, par son système, et qu'il eut mieux su qu'on ne peut jamais bien juger des corps sans l'analyse, et que c'est elle seule qui nous les fait connoître. Je vais faire la même chose à l'égard de ce prétendu acide du sucre que nos chymistes françois, et sur-tout les pneumatistes, à qui les idées et le travail de Scheele ont été si favorables, ont adopté si généralement qu'ils n'ont pas douté le moins du monde que ce prétendu acide saccarin ne fut un être également parfait en son espèce ( et aussi réellement l'acide du sucre ) qu'ils ont cru que c'étoit celui qu'ils ont de même admis si généralement dans le spath. Mais ce sera en conservant toujours de l'estime pour son inventeur , puisqu'en effet il nous a fait connoître le premier un composé salin et acide que peut-être on eut ignoré encore long-tems sans lui (1). Nous allons montrer que ce prétendu acide du sucre n'est pas plus l'acide du sucre, que l'acide vitriolique qui a distillé sur le spath n'est l'acide de cette substance. Il est vrai que je ne serois pas le premier à cet égard. Macquer en a dit assez dans son *Dictionnaire de chymie*, pour faire sentir qu'il ne regardoit pas cette

---

(1) C'est encore Scheele qui est l'auteur de cette découverte , quoique Bergman en ait parlé le premier dans une dissertation particulière. Nous avons lieu d'être fort étonnés que l'éditeur de ses œuvres ne lui ait pas rendu cette justice, que Wiegleb lui a rendu dans ses élémens de chymie ainsi que d'autres chymistes allemands. Mais quand bien même je n'aurois pas ce témoignage , je serois assuré de cette vérité par une lettre que m'écrivoit Bergman en 1773 , où il me disoit en propres termes *que Scheele venoit de découvrir un acide très-singulier dans le sucre par le moyen de l'acide nitreux , et m'ajoutoit que Macquer, à qui il écrivoit en même-tems , m'en communiqueroit le procédé.*

matière saline comme le véritable acide du sucre. Wiegleb, dans le *Journal de Créel* en 1784, en donne aussi des idées bien dif-férentes ; et, bien loin de le regarder comme un être simple, il le considère, au contraire, comme un composé d'acide nitreux, et de la matière inflammable du sucre. Je ne dois pas faire mention de l'opinion de Westrumb, qui contredit formellement ce chymiste là-dessus ; car je crois que ce chymiste est très-mal fondé. Les autres chymistes, qui ont parlé de cet acide factice d'après Bergman, ne méritent pas qu'on en fasse mention, parce qu'ils n'ont pas cherché véritablement à le connoître, et les nouveaux chymistes, je veux dire les pneumatistes, en appliquant à ce produit leur théorie, et en le regar-dant comme un produit très-réel de leur oxigène, ou base acidifiable, ont été encore bien moins disposés à chercher à connoître ses parties constituantes, et à croire qu'il mérite un examen plus particulier. Trop sa-tisfaits de trouver dans cette matière saline une prétendue preuve de la vérité de leur théorie, ils auroient été bien fachés de voir le contraire de ce qu'ils vouloient voir.

Mais avant d'aller outre, il est bon d'exposer le sentiment et les idées de Scheele et de Bergman sur le sucre, et en général sur la manière d'agir de l'acide nitreux, appliqué aux diverses substances inflammables, dans lesquelles ils supposoient un acide. Quand on veut connoître les opinions d'un chymiste, cette manière est plus importante qu'on ne le croit, car par-là on découvre la série de ses idées. On le suit dans ses travaux, on s'assimile, pour ainsi dire, à son génie, et on parvient à découvrir la cause de ses erreurs comme celle de ses découvertes. Scheele croyoit sur-tout que l'acide nitreux avoit en général la propriété d'enlever le phlogistique des substances, et de mettre leur acide à nu (1); et, en admettant toujours l'un

_______________

(1) Scheele étoit de ces chymistes qui parlent à tout propos d'acide et de phlogistique. Beaucoup d'autres chymistes, à la vérité, ont admis le phlogistique généralement dans tous les corps, et lui ont attribué tous les phénomènes qui se présentent dans les opérations de la chymie : mais Scheele est le seul, je crois, qui ait regardé presque tous les corps comme étant formés de phlogistique et d'acide.

et l'autre dans tous les corps, il ne faut pas s'étonner si on voit ce chymiste commencer ses recherches par-là. C'est à cause de cela qu'on lui voit faire des mélanges liquides et vouloir obtenir l'un et l'autre principe. Mais nous le demandons, non pas à ces chymistes superficiels dont la France est remplie aujourd'hui, mais à ces chymistes studieux, et qui connoissent la chymie, non pas à fond, car c'est une science inépuisable, et qui n'est encore qu'à son aurore, quoiqu'on en ait dit, mais qui savent combien il faut se méfier des apparences, et examiner avec soin ou plutôt analyser exactement les matières pour les connoitre ; nous demandons, dis-je, à ces chymistes, si cette manière de Scheele n'est pas plus propre à induire en erreur qu'à montrer la vérité, et s'il ne faut pas commencer par examiner en

---

Tout ce qu'il a dit à ce sujet, pris en sens contraire de sa théorie, se rapportoit si bien aux idées des nouveaux chymistes, et venoit tellement à l'appui de leur opinion, qu'ils en ont tout adopté, même les erreurs les plus évidentes. C'est l'oxigène, en un mot, dont la présence ou l'absence dans les corps, fait tout.

lui-même le corps qu'on veut connoître, avant de lui appliquer des agens ou menstrues. C'est ce qu'ont enseigné les plus grands chymistes, les Stahl, les Rouelles, et les Margraf; aussi ces chymistes ont fait des découvertes inaccessibles à la critique; tandis que celles de Scheele, de Bergman, et celles des autres chymistes qui ont suivi leurs traces, sont presque toujours enveloppées de beaucoup d'erreurs ou de choses mal vues, qui font douter du tout. Il est clair que si Scheele et Bergman avoient analysé d'abord le sucre lui-même, et qu'ils eussent bien examiné cette matière en particulier, ils n'auroient pas tant débité de choses fausses qu'ils l'ont fait.

Quand nous parlerons de l'arsenic, nous ferons voir qu'ils n'ont pas été mieux fondés à assurer qu'ils l'avoient décomposé et réduit en acide. Ce n'est pourtant pas le seul reproche qu'on puisse faire à ces chymistes; nous aurons encore occasion de voir dans la suite, qu'en suivant pour d'autres matières la marche qu'ils ont adoptée pour celles-ci, ils sont tombés dans presqu'autant d'erreurs qu'ils ont prétendu avoir fait de découvertes.

Quant au sucre, il n'y a pas jusqu'aux phénomènes les plus simples des opérations qu'ils
ont faites ou qu'ils ont décrites, qu'ils
n'aient mal vues ou mal présentées. C'est ce
qu'on peut voir, et ce qu'ont vu réellement
ceux qui ont fait ce prétendu acide du sucre. Mais le respect qu'ils ont porté à ces chymistes leur a fermé la bouche, sur-tout aux
pneumatistes qui ont cru avoir trouvé dans
cet acide une preuve convaincante de leur
théorie, qui veut que leur oxigène ou base acidifiable de l'acide nitreux ait formé cet acide.

26ᵉ. Expérience. Quoique, selon ma manière de voir, je ne dusse pas commencer
par-là mon examen du sucre, je crus néanmoins que la circonstance l'exigeoit. Je pris
en conséquence 2 onces de sucre le plus pur
que je pus trouver. L'ayant introduit dans
une cornue de verre très-propre, je versai
dessus 8 onces de bon esprit de nitre. Ayant
placé ce vaisseau au bain de sable, et lui
ayant adapté un balon, je le chauffai convenablement. La dissolution se fit à l'instant
de la première impression de la chaleur, et
lorsque la chaleur fut portée au quatrième
degré à peu près, il s'y produisit tout à coup

une

une effervescence très-vive et très-forte , avec des vapeurs rouges , qui remplirent la cornue et le balon dans le même moment, et augmentèrent extrêmement ; le degré de chaleur alors les gouttes se succédèrent rapidement au bec de la cornue. Cette grande effervescence dura plus d'un quart-d'heure avec la même vivacité : après quoi elle diminua par degré jusqu'à ce qu'il ne restât qu'une petite ébulition , qui dura jusqu'à ce que toute la matière fut épaissie et devenue brune comme un bitume.

Ce sont ces vapeurs rouges qui ont trompé Scheele , et qui lui ont fait croire que l'acide nitreux emportoit totalement le phlogistique du sucre , et laissoit son acide à nud. C'est-là une erreur ancienne, que Scheele et Bergman n'ont fait que répéter. Dès le premier tems où la chymie fut éclairée par la doctrine de Stahl , on se persuada que les vapeurs rouges de l'esprit de nitre étoient dues au phlogistique , et qu'il étoit possible de les augmenter en y ajoutant des matières inflammables. Juncker , Neuman et Pott , disciples de Stahl , ont eu ces idées , mais surtout le dernier , qui a appuyé cette hypothèse

tant qu'il a pû dans un mémoire particu-
lier, tome I<sup>er</sup>. de ses *Dissertations chymiques*, contre Hellot, qui rapportoit cette
cause au sel ammoniac, et au fer qu'il supposoit dans cet acide. Mais j'ai trouvé dans
une autre occasion que ces idées n'ont eu
d'autre fondement que la dissolution du fer
par l'acide nitreux, qui, comme on sait, est
rouge et épaisse, à cause des parties du fer
calcinées ou déphlogistiquées, selon l'ancienne théorie, qui y sont interposées, à cause
de leur ténacité extrême. On sait que Kunckel a parlé, d'après Glauber, de cette dissolution dans son *Laboratoire chymique*; et
c'est Stahl qui, le premier, s'est cru capable d'expliquer son état. Neuman et Juncker ont suivi son exemple. Quand à moi,
j'ai toujours pensé que dans aucun cas l'a-
cide nitreux, pour détruire les corps et calciner les métaux, n'avoit besoin d'en prendre le phlogistique; j'ai pensé, au contraire,
que cet acide se détruisoit lui-même à cette
occasion. C'est ce que confirme l'expérience, et ce que je vais rapporter en sera un
nouvel exemple (1).

_______________

(1) Selon la nouvelle théorie, c'est parce que l'oxi-

Si tant de choses de la part de Scheele et de Bergman ne m'étonnoient pas, je pourrois faire paroître en cette occasion ma surprise, de voir que ces chymistes n'ont pas eu l'attention d'examiner cet esprit de nitre, pour savoir en quel état il est après cette distillation. Ils auroient vu tout de suite qu'il est extrémement affoibli, et qu'il ne manifeste aucune des propriétés qui puissent faire croire qu'il est plus chargé de phlogistique qu'auparavant. Cet acide n'a pas tout a fait la même odeur que l'esprit de nitre ordinaire même le plus foible, mais une odeur qui approche un peu de celle de la fleur du pêcher. Il attaque moins par conséquent les

---

gène ou l'air vital de l'acide nitreux se joint aux parties du corps dissous. Les chymistes antérieurs à Stahl, tels que Glauber, avoient remarqué que cet acide laissoit toujours de ses parties les plus fortes dans les corps dissous par lui. Les anciens et les modernes dont nous parlons, ne diffèrent que parce que ces derniers croient pouvoir expliquer qu'elles sont ces parties. Peut-être que nos expériences prouveront que ces chymistes n'ont pas tout vu à cet égard, et qu'ils en sont réduits aux faits purs et simples comme les anciens.

G 2

huiles et les métaux , et donne moins de vapeurs rouges dans sa distillation. Ce qui doit
paroître d'autant plus étonnant que cet acide
a distillé sous la forme des vapeurs rouges,
la plupart du tems ; ce qui prouve qu'on ne
connoît pas trop encore la cause de cette couleur rouge de l'acide nitreux, malgré les prétentions des chymistes pneumatistes , qui attribuent ces vapeurs rouges à leur azôte ,
qui , comme plus volatil que l'oxigène , s'en
sépare , et laisse rendre les parties de l'acide
nitreux , qui ne sont pas montées , d'autant
plus fortes qu'il y est rassemblé en plus
grande quantité. Mais quand on voit que
ces parties de l'acide montées , sont noyées
dans beaucoup de flègme , et que ces parties étant combinées dans un corps , redon-
nent de ces vapeurs, en les en chassant de
la même manière , on comprend que cette
belle théorie n'explique pas les choses comme elles sont ; alors on voit que la cause de
ces vapeurs subsiste toujours dans ces parties , et qu'elles n'y ont été que cachées ou
noyées par l'eau ; on voit aussi que l'oxigène , à qui les chymistes pneumatistes attribuent toute la force de l'acide nitreux ,

comme celle de tous les autres acides , s'y trouve aussi en même proportion , puisque le sel de nitre et autres faits avec les mêmes parties foibles de notre acide , produisent les mêmes effets , à proportion de leur quantité , que les parties de l'acide non montées.

27e. Après avoir fait ces petits essais, qui de 8 onces justes d'acide foible que j'avois obtenues de mon opération , les avoient réduites à 6 onces (1) ; je remis cet acide avec une autre once de sucre , dans une autre cornue, et je procédai à la distillation comme la première fois. Les choses se passèrent cette fois-ci bien différemment. Il n'y eut pas d'effervescence ni de vapeurs rouges , mais une petite ébulition. La matière devint noire pourtant comme la première ; je

---

(1) Il faut compter dans cette opération pour beaucoup le flegme du sucre , qui, ajouté à la dose de l'esprit qui monte , remplace la perte très-grande qui se fait nécessairement dans cette opération , par les joints , malgré le lut , et la partie de l'acide qui reste combinée dans les débris du sucre, et qui forme ce prétendu acide saccarin.

G 5

la laissai pour le moment comme l'autre, pour ne m'occuper que de la nature de cet acide, que je trouvai si foible, qu'il ne me parut pas plus fort que l'acide du vinaigre distillé. Je le goûtai impunément, et je lui trouvai un goût et une odeur de fleur de pêcher qui n'étoient point absolument désagréables.

28e. Je partageai alors ma liqueur acide, en plusieurs parties. J'en combinai une avec de l'alkali fixe bien pur, avec lequel il se comporta à peu près comme l'acide du vinaigre très-foible. Point d'effervescence d'abord. Le sel résultant de cette combinaison étoit noirâtre, attiroit l'humidité de l'air, et fusoit peu sur les charbons ardens. L'état de ce sel me surprit, puisque cette liqueur acide étoit d'une belle couleur blanche et très-limpide ; ce qui me fit croire qu'il y avoit quelqu'une des parties du sucre unie à cet acide, et nous verrons dans la suite que je ne m'étois pas trompé.

29e. Une autre partie étant mise avec le fer et le mercure, ne put point dissoudre ces métaux, en leur état ordinaire, c'est-à-dire, tant que leur agrégation ne fut pas rompue, et les foibles dissolution que j'en obtins après que je les eus réduites en cet état par leur précipitation, au moyen de l'alkali fixe de leur dissolvant, ne me montrèrent pas plus les sels que l'acide nitreux forme ordinairement avec les substances métalliques, que la combinaison que j'en avois faite avec l'alkali fixe ne m'avoit donné un sel de nitre parfait.

3o<sup>e</sup>. Je compris alors qu'en répétant plusieurs autres fois mon opération, c'est-à-dire, qu'en repasssant cet acide foible un grand nombre de fois sur le sucre, je parviendrois à le décomposer totalement. En effet, une troisième distillation de la moitié de mon acide sur une dose proportionnée de sucre, ne me donna plus qu'un phlegme très-légérement acide (1). Il étoit d'une couleur ci-

---

(1) Décomposer l'acide nitreux par la dissolution des corps, n'est point une chose nouvelle. M. de Saluces, dans les mémoires de l'académie de Turin, a démontré la possibilité de le décomposer facilement par le moyen du mercure. Il a vu que dans ce cas, l'acide se réduit en air et en eau simples. Les chymistes anciens attribuent cet effet à la soustrac-

trine, et avoit une petite odeur de caramel.
Il est vrai que j'avois poussé ce résidu jusqu'à siccité, et qu'une portion de l'acide même du sucre et de son huile étoit montée dans
la distillation; aussi, ayant combiné ce phlegme avec l'alkali fixe, je n'en eus qu'un *magma* noirâtre, qui ne détonnoit point du tout
sur le charbon ardent, mais qui laissoit exhaler une petite odeur tartareuse.

31e. Les résidus des deux dernières distillations, ne me présentèrent qu'un *magma* noirâtre, et comme bitumineux, et dont
je ne pus obtenir aucun sel : je les desséchai
entièrement, et les ayant fait consommer
sous la moufle d'un fourneau de coupelle,

---

tion du phlogistique, et les pneumatistes, au dégagement de l'oxigène, qui, se combinant avec ce
corps, le convertit pareillement en acide. Il est
dommage pour cette belle théorie, qu'il n'y ait que
le sucre et l'arsenic qui prennent le caractère d'un
acide. C'est pourtant sur ces deux faits, encore mal
observés, que les nouveaux chymistes ont établi
leur théorie, de l'acidification des métaux, et qu'ils
ont regardé généralement comme base acidifiable
les chaux métalliques.

je n'en obtins que très-peu d'une cendre grisé dont je parlerai dans la suite.

32e. Je viens maintenant au premier résidu de mes expériences. C'est ici où il faut cher-cher ce prétendu acide du sucre de Scheele et de Bergman. Une circonstance dont ces chymistes ni d'autres, ne parlent pas, c'est que si on pousse trop fort ce résidu au feu, le sel se décompose, car on n'y en trouve pas pour avoir ce sel prétendu acide du su-cre, où toute la quantité qu'on doit en avoir des proportions de matières qu'on a em-ployées. Il faut mener la distillation très-doucement sur la fin, et il faut l'arrêter quand la matière commence à se noircir et à s'épaissir (1). L'ayant laissé refroidir en cet état, j'y trouvai, après vingt-quatre heu-

______

(1) Selon les chymistes pneumatistes, cette dé-composition du sel acide du sucre est due à la per-te de l'air vital, qui est chassé par un trop grand feu, quoique ces messieurs disent dans une autre circonstance que cet air, ou plutôt son oxigène, est très-fixe. Mais il y a une autre circonstance que ces messieurs semblent ignorer ; c'est que la base de cet acide, la terre et l'huile du sucre, sont brû-lées ; ce qui est la véritable cause de cet effet, comme de cette couleur.

res de repos, une masse cristalline aiguillée
très-considérable, où je distinguai de belles
aiguilles blanches et transparentes , semblables à celles du sel de nitre, mais d'une
finesse extrême. Je crus qu'en lavant légérement cette masse cristalline dans l'eau distillée, je parviendrois à la séparer de la matière noire qui les enveloppoit ; mais voyant
qu'elle s'y dissolvoit avec la plus grande facilité, et que ce sel y diminuoit très-sensiblement, même dans la plus petite quantité, je me résolus à les y laisser se dissoudre, afin de les purifier, comme l'indi-
quent, au surplus, Scheele et Bergman. Je
filtrai cette dissolution à travers le papier
gris double ; malgré cela ma liqueur passa
très-colorée en brun. Il resta sur le filtre
une matière noire charbonneuse, que je remis à un autre tems pour l'examiner. Je fis
évaporer cette liqueur doucement sur un
bain de sable dans une capsule de verre, et
j'eus le lendemain une très-belle cristallisation, et si semblable à celle qu'on obtient du
nitre, que si le goût très-acide de ces cristaux ne m'eut pas prévenu , je l'aurois prise en effet pour être de nitre.

Voilà donc ce sel regardé par Scheele et Bergman, comme l'acide du sucre, et par les chymistes pneumatistes, comme un produit de l'oxigène de l'acide nitreux, et par conséquent, selon leur manière de penser, comme un acide très-réel, quoique sous une forme cristalline et solide, et quoique cet état indique toujours une combinaison quelconque d'un acide avec une matière grossière et palpable; ce qui ne peut jamais constituer un acide simple, mais un sel acide ou sel avec excès d'acide, espèce de sel reconnue depuis long-tems en bonne chymie. Mais c'est, d'ailleurs, ce qu'il falloit éclaircir d'après l'expérience, et ce que n'ont pas fait ces prétendus chymistes, qui se sont même bien gardé de le faire, dans la crainte peut-être de voir autrement qu'ils ne vouloient voir; sans cela on pourroit dire que ces chymistes ne sont pas difficiles en preuve, comme sont au surplus tous les gens à système. De vrais chymistes auroient dit sans doute, ces cristaux sont-ils un acide pur, et, dans ce cas, peut-on les regarder comme étant le vrai acide du sucre ? ou s'il n'y a pas, indépendamment de cela, un acide propre au sucré, et indépendant du concours de l'acide nitreux ? Toutes ces questions devoient être faites par Scheele et Bergman, et par les chymistes qui les ont imité, et c'est à quoi il semble qu'ils ont le moins pensé. De bons chymistes, dis-je, auroient voulu savoir d'abord en quoi consiste la composition de ce sel acide, car c'est un principe reçu parmi les vrais chymistes, que quoiqu'un sel soit acide, il n'est pas un acide pur : sa cristalisation seule indique le contraire (1) ; autrement la crême de tartre, les cristaux de lune ou nitre d'argent, et tant d'autres sels avec excès d'acide seroient dans

---

(1) C'est-là un principe incontestable parmi les vrais chymistes. L'acide vitriolique lui-même, que l'on croit se convertir par la concentration en cristaux, ou ce qu'on nomme huile de vitriol glaciale, ne le fait qu'à la faveur des parties étrangères qui lui sont unies ; comme nous en avons eu un exemple en distillant beaucoup d'huile de vitriol sur très-peu de spath. Il est vrai que les chymistes pneumatistes disent que cet effet est dû à leur oxigène ; mais c'est encore là une erreur ou un excès de leurs prétentions en faveur de leur être chéri et chymérique.

ce cas là de vrais acides ou acides purs. Les sels avec excès d'acide, que malheureusement les nouveaux chymistes ou pneumatistes confondent avec les acides purs et simples, comme Scheele, ont des propriétés particulières et si essentiellement différentes, qu'on ne peut assez s'étonner de les voir confondre les uns avec les autres.

Les sels avec excès d'acide se décomposent tous au moindre degré de chaleur. Tel est le sel dont il sagit ici. Il se dessèche, à la vérité, sur le papier, mais j'ai vu qu'en l'y laissant plus qu'il ne faut pour le débarrasser d'abord de la matière déliquescente dont nous venons de parler, il ne laissoit pas de s'y altérer sensiblement par l'introduction, qui se fait dans le papier, d'une partie de son excès d'acide, à la faveur de l'humidité de l'air ; ce qui est conforme à l'observation qu'a faite le cit. Baumé touchant le tartre vitriolique avec excès d'acide de Rouelle qu'il a décomposé de la même manière.

Ce n'est pas en cela seul, malheureusement, que Scheele, Bergman et leurs partisans, ont embrouillé la chymie ; l'habitude

prise de regarder comme acides des matières salines qui ont un excès d'acide, leur a
fait étendre la classe des acides prodigieusement, ce qui a été la cause des plus grandes
erreurs. Nous voyons, par exemple, que
ce prétendu acide de l'arsenic, comme celui de la molibdène, et autres de cette espèce, sont aussi peu des acides de ces matières, que le sel acide retiré du sucre est
l'acide véritable du sucre.

Avant d'aller plus loin, il est bon pourtant
de dire que le but que j'ai eu en agissant
comme j'ai fait, et en n'opérant pas précisément comme l'idiquent Scheele et Bergman, a été de n'avoir pas à me reprocher
que je n'aie pas fait tout ce qui dépendoit de
moi pour éviter de mettre avec le sucre plus
d'acide du nitre qu'il n'en falloit pour dégager celui de cette substance, et de confondre
par conséquent ces deux acides ensemble,
de manière que je ne pusse pas les distinguer
et obtenir celui du sucre séparément. C'est
ce que font craindre en effet ces cohoba-
tions répétées d'acide nitreux sur les résidus, indiquées par ces chymistes. Cohoba-
tions inutiles au surplus; puisqu'on obtient

aussi bien ce sel de la manière qu'on vient de voir que par celle indiquée par Bergman ; ce que Wiegleb remarque aussi dans ses élé-mens de chymie (1).

Mais comme je l'ai dit au commencement de cet article , il faut connoître les idées des hommes pour savoir la raison de leur conduite. Scheele et Bergman croyoient toujours que plus ils faisoient passer d'acide nitreux sur le sucre et sur le résidu de leur distillation , plus ils parviendroient à dépouiller l'acide du sucre des matières qui l'enveloppent , et plus ils l'auroient pur. Mais on peut voir qu'après avoir passé plu-

---

(1) On peut regarder ce chymiste allemand comme un des meilleurs de cette nation , et dont les idées sont les plus justes et les plus nettes sur la chymie , entant que chymiste élémentaire. Ses élémens de chymie sont très-méthodiquement écrits ; mais, comme tous ses confrères, il y entasse autant de choses étrangères à la chymie qu'il le peut. Ce n'est pas là-dessus qu'il mérite de grandes louanges , mais il en mérite à l'égard de ses mémoires particuliers, qu'il a dressés d'après sa propre expérience.

sieurs fois de l'esprit de nitre sur ce résidu, on ne l'a pas rendu plus clair qu'auparavant. Je veux même que ces cohoba-
tions fussent nécessaires ; je ne devois pas
moins éviter de les faire, puisque j'avois
employé assez d'acide nitreux, et plus, pour
obtenir de ma dose de sucre toute là quantité de sel qu'elle devoit fournir, et qu'il
étoit à craindre qu'en employant davantage
d'acide, j'eusse eu moins de sel. Au surplus, ce que je dis touchant l'inutilité de la
manière d'opérer de ces chymistes, va être
encore mieux démontré ci-après, car on va
voir qu'un acide qui n'a pas la réputation de
déphlogistiquer les matières, comme l'acide
nitreux, et qui, selon Scheele, doit perdre,
au contraire, ce principe, produit tout autant de ce prétendu acide du sucre, et même plus, est bien plus beau et plus blanc ;
ce qui sera un argument un peu fort contre les chymistes pneumatistes, qui prétendent que ce sel n'existe que par le concours
de leur oxigène.

33<sup>e</sup>. Comme j'avois obtenu de ce sel acide
à peu près 2 onces bien pur et bien sec au

moyen

moyen du papier brouillard (1), je le divisai en plusieurs parties pour l'examiner en détail. La première expérience à laquelle je le soumis, fut d'en mettre sur les charbons ardens. Il y fusa subitement en jetant une fumée épaisse et noire, qui sentoit l'acide nitreux. Il y laissa un résidu terreux gris tout à fait semblable à celui que j'ai dit avoir obtenu du résidu des deux derniéres distillations ; n°. 31. Après ce petit essai, j'en fis un autre qui consista à mettre une forte pincée de ce sel sur un verre renversé, et à y jeter de l'huile de vitriol, qui en fit partir aussitôt des vapeurs d'esprit de nitre bien marquées. Ces deux petits essais dirigèrent ma marche dans l'examen de ce sel acide.

34e. Je fis rougir obscurement deux petits

---

(1) Sans cette précaution, il est impossible d'avoir ce sel parfaitement pur et dépouillé du véritable acide du sucre qui l'enveloppe ; mais étant exposé sur ce papier, cet acide s'y insinue en peu de tems, comme tous les acides dans leur état de pureté ; il attire l'humidité de l'air et est très-déliquescent.

H

creusets : dans l'un je jetai peu à peu deux gros de mon sel, et dans l'autre la même quantité de ce sel, mélangé avec une pincée de poudre de charbon. Dans le premier le sel détonna à peu près comme dans le second, avec cette différence que dans le second, la détonnation fut un peu plus vive; mais, ni dans l'un ni dans l'autre, le sel ne détonna comme le sel de nitre pur; il s'en falloit bien; il ne partit de chacun de ces creusets tout à coup que comme un tourbillon de fumée épaisse et noire; et l'on voit encore cette différence d'avec le sel de nitre, que ce sel prétendu acide du sucre détonne sans le contact du charbon, parce qu'il porte avec lui une portion de la matière inflammable du sucre; ce qui étoit d'ailleurs évident par la matière charbonneuse qui me resta dans le creuset, où je n'avois pas mis de poudre de charbon, que je ne pus réduire en cendre, qu'en l'exposant, comme je l'ai dit, sous la moufle d'un fourneau de coupelle. Je répétai cette expérience pour avoir davantage de cette cendre, laquelle étoit à peine de 2 grains, j'en employai 6 gros encore, mais je n'en eus pas plus de 5 grains de terre par-

faitement dépouillée de la matière inflammable. Il est bon d'ailleurs de dire , que
cette opération est la seule bonne manière
d'obtenir cette terre pure.

35°. Cette cendre faisoit légèrement effervescence avec les acides. L'ayant lavée avec
l'eau distillée, son poids en fut un peu diminué ; et ayant fait évaporer cette eau de lavage , j'en obtins un peu de sel blanc , qui
craquoit sous la dent comme le tartre vitriolé. L'huile de vitriol versée dessus en fit partir des vapeurs qui sentoient l'esprit de sel.
Je soupçonnai alors que ce peu de sel étoit
un mélange de sel marin de Silvius et de
sélénite. Pour m'en assurer , il en auroit fallu davantage , mais cela me suffisoit en ce
moment pour m'ouvrir les yeux là-dessus ,
ou me porter sur la voie.

Cette terre , restée sur le filtre à se sécher ,
fut attaquée par l'acide nitreux , qui en dissolvit les deux tiers ; ayant filtré cette dissolution , je versai dessus quelques gouttes
d'acide vitriolique qui la précipita entièrement en sélénite. La partie de cette terre
non dissoute me parut être un mélange
de la terre magnésienne et de la terre ar-

gilleuse. Je regrettai beaucoup aussi que cette très-petite quantité de matière, ne me per-
misse pas de pousser mon examen plus loin.
Mais on voit toujours par-là que ce prétendu
acide du sucre, n'est qu'une combinaison
de l'acide nitreux avec les principes du sucre.
Il n'est donc pas étonnant qu'on puisse faire
ou imiter ce prétendu acide du sucre toutes
les fois qu'on traitera de la même manière
l'acide nitreux avec des matières grasses,
huileuses ou muqueuses, comme plusieurs
chymistes allemands l'ont démontré depuis
peu dans le *Journal Chymique* de Créel,
ainsi que les cit. Bertholet et Morveau dans
le *Journal de Physique.*

36ᵉ. Je pris alors une autre partie de mon
sel acide du sucre; l'ayant mise dans une
petite cornue de verre, j'y versai de l'acide
vitriolique concentré, qui en fit partir aussitôt des vapeurs de l'acide nitreux. Ayant
ajusté un balon à cette cornue, j'en obtins
au bain de sable un acide nitreux guère plus
fort que celui que j'avois obtenu de la première distillation de l'acide nitreux sur le
sucre. Cet acide n'étoit pas plus pur, puisque, combiné avec l'alkali fixe, il donnoit un

sel noirâtre, et jetoit une fumée épaisse et noire sur les charbons ardens.

Le résidu de cette distillation fut brûlé et calciné comme on vient de le voir ; il me donna par la lessivation une véritable sélénite ; il me resta sur la fin de lévaporation un tant soit peu de sel d'Epsom, de sel de Glauber et de la sélénite ; mais le tout en si petite quantité, eu égard à celle du sel employé, qui étoit d'une once, que j'en étois dans le plus grand étonnement ; ce qui me fit voir que la plus grande partie de ce sel acide, n'étoit véritablement que de l'air et de l'eau.

Maintenant on peut voir combien la plupart des choses que rapporte Bergman dans sa dissertation touchant ce prétendu acide du sucre, sont éloignées de la vérité, surtout quand il dit que l'acide vitriolique versé sur ce sel ne fait que le noircir ; tandis qu'on voit ici qu'il le décompose complettement ; il en est de même quand il dit que ce sel se sublime et se remet ensuite en cristaux au moyen de l'eau, tandis que l'on voit encore que la moindre chaleur le détruit entièrement.

A l'égard des chymistes pneumatistes, ils

peuvent voir aussi si tout ce que nous venons de rapporter s'accorde avec leurs belles idées de la formation d'un acide par leur
oxigène.

37ᵉ. Il faut se rappeler maintenant que
j'ai dit, n°. 33., avoir laissé mon sel exposé
sur du papier brouillard, pour qu'il se des-
séchât et se débarrassât des parties étrangères qui lui étoient unies. Comme je m'é-
tois apperçu que ce sel y diminuoit dans
la même proportion qu'il s'y desséchoit et
s'y décoloroit, et que je soupçonnai qu'il
se faisoit en cette occasion une sorte de départ, c'est à-dire, qu'il se séparoit du sel acide une autre sorte de matière acide, laquelle,
à la faveur de l'humidité, s'insinuoit dans
le papier ainsi que je l'ai remarqué ci devant
en note, je crus devoir lessiver ce papier
même avec de l'eau distillée, qui la colora
en un brun extrêmement foncé. Cette lessive passa très-difficilement par le filtre. L'a-
yant fait évaporer, j'en obtins une sorte
d'extrait salé qui attiroit fortement l'humidité de l'air. En mettant de cette matière
sur les charbons ardens, je vis la grande différence qu'il y a entr'elle et le sel acide dont

je viens de parler ; car elle n'y fusa pas, mais elle jeta tranquillement une fumée noire fort épaisse, et qui sentoit fortement le sucre brûlé ou le caramel. L'acide vitriolique concentré versé dessus, en dégageoit des vapeurs qui sentoient comme l'acide du vinaigre en même-tems que le caramel.

38e. Cette petite expérience me décida sur le champ à mettre tout ce que j'avois de cette matière dans une petite cornue de verre et à verser dessus de l'huile de vitriol. Y ayant ajusté un balon, et l'ayant placée au bain de sable, j'en obtins une liqueur acide jaunâtre, tout a fait agréable au goùt, que je regardai comme le véritable acide du sucre, mais fort impur. Le résidu brûlé et calciné, comme je l'ai dit ci-devant, me donna aussi de la sélénite, mais en bien plus grande quantité que le sel acide.

Il étoit donc visible pour moi que cet acide, pour former la matière extractive que j'avois décomposée, s'étoit combiné avec une plus grande quantité de la terre calcaire du sucre, et avec sa matière huileuse en même-tems. La couleur de cet acide et la matière charbonneuse restée dans la cornue

H. 4

en étoit une preuve. Comme j'avois formé le projet d'examiner le sucre en lui-même, je ne crus pas nécessaire de m'étendre davantage là-dessus pour le moment. L'examen du sucre seul devoit m'éclairer bien davantage sur la nature de cet acide, et sur les matières qui lui sont unies dans le sucre. Mais comme j'avois fait aussi le projet de combiner les deux autres acides minéraux avec le sucre, je m'y disposai aussitôt, car j'espérois en obtenir des résultats qui devoient m'éclairer beaucoup et me faire connoître des choses que j'ignorois.

39e. Je mis en conséquence une once de sucre dans une cornue et versai dessus 4 onces d'acide marin ordinaire. Ayant placé ce vaisseau au bain de sable, et y ayant ajusté un balon bien net, je le fis chauffer comme j'avois fait pour l'acide nitreux. Je vis d'abord que cet acide agissoit bien plus lentement et bien moins vivement sur le sucre, que l'acide du nitre, et les choses se passèrent en totalité bien différemment. Dès que l'acide eut pénétré entièrement le sucre, et que le vaisseu fut chauffé jusqu'au point de l'ébulition, il se colora fortement en brun.

Alors la matière se gonfla considérablement,
mais pas autant néanmoins que celle de l'a-
cide nitreux ; cette matière devint épaisse
et noire comme un bitume ; alors les gouttes se succédèrent rapidement, mais bien
moins que celles de l'acide nitreux : elles
étoient d'un jaune foncé. Vers le milieu de
la distillation, il se forma au milieu de la
liqueur de la cornue comme un bourbier,
ou, ce qu'on appelle en chymie, un cham-
pignon, qui se gonfla peu à peu si considérablement, qu'il remplit vers la fin de la
distillation preque toute la capacité de la
cornue. Je laissai les choses en cet état, et
le lendemain ayant déluté les vaisseaux, je
trouvai dans le balon environ 3 onces d'a-
cide marin jaune, et un peu plus fumant
que je ne l'y avois mis ; ce que je ne pouvois attribuer qu'aux airs du sucre, qui s'é-
toient combinés avec cet acide. Je ne trouvai aucune sorte de cristaux dans la cornue, en quoi encore le résultat de cette distillation différoit de celui de l'acide nitreux.
Je n'espérois pas même d'obtenir aucun sel
de ce résidu, lorsqu'il me vint en pensée de
le lotionner avec de l'eau distillée chaude.

L'ayant fait , je versai le tout sur un filtre double de papier gris. Il passa une eau très-claire, mais jaunâtre et très-acide. L'ayant fait évaporer au bain de sable dans une capsule de verre , j'y trouvai le lendemain la plus belle cristallisation qu'il soit possible de voir. C'étoit un assemblage immense de petites roses , de la grandeur chacune d'un liard , formées de très-fines aiguilles qui se joignoient vers un centre commun , et se divergeoient vers la circonférence : ce qui ne ressembloit pas mal à cette sorte de zéolite qui se forme dans les laves de l'Islande. Toutes ces roses étoient jointes ensemble , et paroissoient avoir un centre commun , par une rose plus grande qui étoit au milieu. Je mis ce sel fort acide sur le papier brouillard pour le débarrasser de ce qui lui étoit étranger. Il y devint très-blanc ; mais m'étant apperçu qu'il attiroit lui-même l'humidité de l'air, et qu'il y diminuoit très-sensiblement, je me hattai de l'en retirer, et de l'enfermer dans un flacon à large goulot. J'en eus 6 gros ; il étoit encore très-sensiblement acide, mais il n'avoit pas le même goût que celui de l'acide du nitre , et on va

voir aussi qu'il se comportoit bien différemment.

40e. Ce sel mis sur les charbons ardens
ne fusoit pas et n'y perdoit même pas
son acide ; il y décripitoit, au contraire,
presque comme le sel marin. L'huile de vitriol en dégageoit de vapeurs blanches qu'on
ne pouvoit méconnoître pour être celles de
l'acide marin, mais mélées avec quelque
chose de tartareux. On voit tout aussitôt
par-là que cet acide n'est pas plus l'acide du
sucre que celui obtenu par l'acide nitreux.
Si pourtant Scheele et Bergman eussent commencé leurs recherches par-là, et que le premier n'eut pas été dirigé par son idée favo-
rite de la déphlogistication du sucre par l'a-
cide nitreux, n'eussent-ils pas eu autant de
raison de dire que c'étoit-là leur acide saccarin ! Et les chymistes pneumatistes qui
croient maintenant que cet acide n'est que
le produit de l'oxigène de l'acide nitreux, ne
seront-ils pas obligés de convenir que cet
acide prétendu saccarin peut exister sans
leur oxigène ? à moins qu'ils ne supposent
aussi que l'acide marin se décompose de mé-
me pour fournir aux débris du sucre son

oxigène ? Mais comme il est évident que l'acide marin qu'on retire de dessus le sucre ne diffère de celui qui n'y a pas distillé, que parce qu'il est chargé de quelque peu de la matière huileuse du sucre, et que la partie de cet acide qui reste combiné dans le résidu pour former ce sel acide, est aussi évidemment de l'acide marin, comme nous le verrons plus loin ; et que, d'une autre part, ces sels acides, le nitreux et le marin, diffèrent comme les acides qui ont servi à les former ; il sera difficile à ces messieurs de concilier ces faits avec leurs brillantes théories, et cela d'autant moins qu'ils ne connoissent point encore, de leur aveu, la composition de l'acide marin, et qu'ils ne peuvent dire s'il y a ou s'il n'y a pas beaucoup d'oxigène dans cet acide.

41e. Je pris 2 gros de mon sel que je mis dans un petit creuset ; à la première impression du feu, il jeta une fumée noire épaisse, et d'une odeur tartareuse ; mais après avoir tenu long-tems ce sel rouge au feu, je le trouvai parfaitement neutre ; il n'avoit plus que le goût du sel marin à base terreuse ; c'en étoit en effet, mais mêlé avec des matières charbonneuses , ainsi qu'avec quelques autres parties étrangères que nous verrons plus loin. Alors l'acide vitriolique versé sur ce sel en dégageoit des vapeurs d'esprit de sel , bien reconnoissables et bien plus pures qu'avant qu'il eut éprouvé cette calcination. Ce sel étendu dans de l'eau , se débarrassoit de la plus grande partie de ses parties charbonneuses , et l'alkali versé dessus le décomposoit en partie ; tandis qu'auparavant il n'y produisoit d'autre effet que de se combiner avec lui en totalité comme le prétendu acide du sucre , et formoit avec cette matière saline un sel sur-composé. C'est sûrement à cause de cette matière huileuse et fuligineuse , qui , comme dans l'acide nitreux , empêche les parties qui lui servent de base de s'en séparer. C'est-là tout le mystère de ces prétendus acides du sucre , et la raison pourquoi ils paroissent être aux yeux de ces soi-disant chymistes des acides véritables , ou ce qui a été cause que Scheele et Bergman ont été entièrement persuadés que leur acide du sucre étoit véritablement celui de cette substance , un acide particulier et permanent. Mais ces deux sels acides n'en

montrent pas moins ce qu'ils sont véritablement, en se combinant avec les terres calcaires et les sels alkalis. L'un forme des espèces de sels nitreux, et l'autre des espèces
de sels muriatiques. Il est même bien étonnant que ces chymistes, ou ceux qui les ont
suivis si scrupuleusement, n'aient pas vu
que le sel acide du sucre provenant de l'a-
cide nitreux, combiné avec l'alkai fixe, forme un sel aiguillé, une espéce de nitre qui
détonne sur les charbons ardens, à peu près
comme le nitre ordinaire.

42e. L'odeur si semblable à celle qui s'é-
lève du tartre lorsqu'on le brûle ou qu'on
le distille, qui s'étoit fait sentir dans cette
expérience comme de dessus les charbons ardens où j'avois mis aussi de ce sel, m'avoit
fait une nécessité de mettre tout ce qui me
restoit de ce sel dans une cornue, et de verser dessus suffisamment d'huile de vitriol
pour en obtenir tout l'acide qui y étoit contenu. C'est ce que je fis, et l'acide que j'en
obtins étoit si semblable, en effet, à l'acide
du tartre que j'avois obtenu d'une pareille
combinaison, qu'on pouvoit aisément s'y
tromper, et prendre sans difficulté l'un

pour l'autre. Et ayant démontré, en effet,
dans mon *Traité de la dissolution des
métaux*, et dans un mémoire lu pour moi
à l'académie royale des sciences, par M. de
Montigny, en 1774, que l'acide du tartre
n'est autre chose que l'acide marin, déguisé par une matière huileuse et charbonneuse,
je trouvai la raison de l'état de mon acide
et une nouvelle preuve de la vérité de ce
que j'avois avancé au sujet de l'acide du
tartre (1).

---

(1) Il est vrai que depuis la publication de mon
*Traité de la dissolution des métaux*, plusieurs auteurs m'ont contrédit sans s'être donnés la peine de
suivre exactement ce que je dis pour parvenir à dépouiller assez bien l'acide du tartre de ses matières
huileuses et charbonneuses, pour le reconnoître
pour ce qu'il est. M. l'abbé Fontana est le premier qui, dans le *Journal de Physique*, tome XII,
pag. 176, en examinant la nature des acides végétaux, ait prétendu que je me suis trompé. Il assure qu'il n'a rien vu de ce que j'ai avancé à cet
égard, et il prétend que l'espèce d'eau régale que j'ai
faite avec mon acide du tartre, n'étoit telle et ne
dissolvoit l'or qu'à cause des parties d'acide marin
que contenoit l'acide nitreux que j'avois employé.

43ᵉ. J'avois d'autant plus lieu de croire qu'il s'étoit insinué quelque chose dans le

---

Quoique je puisse soutenir que mon acide nitreux étoit parfaitement pur, je dirai que si je n'avois donné, pour preuve de mon opinion, que cette expérience, je serois inexcusable ; mais quand je fais du mercure sublimé avec mon acide du tartre purifié comme je l'ai dit, ce qui coûte, à la vérité, quelque peine, je crois que je suis fondé à soutenir que je ne me suis pas fait illusion. Je crois encore qu'il faut là-dessus s'en rapporter davantage au cit. Morveau, qui, dans le cours de chymie de Dijon, dit qu'il a eu effectivement une espèce de précipité de mercure, en versant de l'acide du tartre dans une dissolution de mercure nitreuse, et que ce précipité s'est sublimé ; mais que ce sublimé s'est décomposé facilement par l'acide vitriolique ; ce que je crois très-véritable ; mais bien loin d'infirmer par-là ma petite découverte, le cit. Morveau l'appuye, au contraire. Il n'y a rien d'étonnant assurement que l'acide vitriolique ait chassé cet acide marin, trop foible et trop mal uni au mercure, à cause de ses parties huileuses. C'est aussi l'effet que j'en ai eu avant que je l'eusse purifié. A l'égard de la critique des autres chymistes, elle ne mérite pas que je m'y arrête, parce qu'ils n'ont rien fait pour s'assurer de la vérité.

papier

papier où j'avois mis mon sel à sécher ; que ce sel même m'avoit paru, comme je l'ai dit, un peu déliquescent, et par conséquent fort disposé à y passer lui-même ; et comme, d'un autre côté, je pensai que mon sel acide marin devoit avoir été accompagné, comme celui de l'acide du nitre, par la matière saline extractive, provenant du sucre même, je crus aussi devoir lessiver ces papiers, pour en extraire ce qu'il y auroit. Je ne pouvois douter qu'il n'y fut passé beaucoup de matières, car il étoit fort épais et fort pesant. Le lavage m'en donna effectivement un abondant extrait salin noirâtre et bien plus considérable que celui de l'acide nitreux ; c'est qu'effectivement il y avoit beaucoup de mon sel marin même, ce que l'huile de vitriol m'apprit en y en versant quelques gouttes.

Toute cette matière extractive exposée dans une cornue, me donna un acide coloré qui ressembloit beaucoup à l'acide du tartre mêlé de caramel. Mais l'acide vitriolique versé sur ce résidu, en chassa encore beaucoup d'esprit de sel, et ce résidu, comme celui

I

de l'expérience précédente calciné et brûlé, me donna par la lessivation une belle sélénite parfaitement cristallisée, et quelques petites parties de sel de Glauber et de sel d'Epsom.

44e. Après avoir obtenu du sucre par l'acide marin un sel acide, je crus que j'en pourrois obtenir un autre par l'acide vitriolique. Je mis en conséquence une once de sucre dans une cornue, et je versai dessus deux onces d'huile de vitriol. Lorsque ce vaisseau fut bien chauffé, il passa dans le balon un esprit volatil sulfureux si abondant et si insupportable par sa vivacité et par sa force, que, malgré le lut, je ne pouvois supporter les exhalaisons des vaisseaux.

La matière devint fort noire et fort bitumineuse dans la cornue, mais il ne tomboit encore aucunes gouttes de liqueur dans le balon, il fallut pour cela augmenter considérablement la chaleur. Je me repentis alors de n'avoir pas mis de l'eau distillée dans le balon pour absorber et fixer ces vapeurs, mais comme mon but n'étoit que d'obtenir du sucre des cristaux de sel par cet acide, et que je n'avois que faire d'ailleurs de cet

esprit volatil sulfureux, toute mon attention
fut tournée vers le résidu de la cornue, et
je ne fis attention dans le moment qu'à cette abondance de l'esprit volatil sulfureux ,
qui, en effet, me parut fort extraordinaire,
vu la petite quantité des matières employées;
je vis par-là que pour avoir promptement
et abondamment de cet esprit volatil sulfureux, on pourroit employer ce procédé par
préférence à tout autre.

J'arrêtai la distillation dans la crainte de
porter trop loin la décomposition du sucre.
Je lessivai la matière de la cornue avec
de l'eau distillée ; mais je n'en eus pas le
sel acide que j'en espérois, mais bien un
peu de sélénite dans un excès d'acide très-
considérable. Je brûlai l'espèce de charbon
qui me resta de ce résidu sur le filtre comme j'avois fait des autres, et j'en eus pareillement un peu de sélénite ; ce qui dé-
montre complettement l'existence de la terre calcaire dans le sucre, ce que nous verrons encore plus loin.

45ᵉ. Cependant en faisant attention que
le lessivage de ce résidu ne me donnoit pas,
à beaucoup près, une eau aussi chargée de

matière que les autres résidus, je compris
que l'acide vitriolique devoit avoir dégagé
plus complettement que les autres acides,
l'acide propre au sucre, en détruisant mieux
ce qui l'enchaînoit. C'est ce qui me porta à
considérer mieux que je n'avois fait d'abord
ce qui étoit passé dans le balon. Je saturai
tout ce qu'il y avoit de liqueur acide avec de
l'alkali fixe déliquescent, et j'en obtins deux
sortes de sels, l'un qui se cristallisa d'abord
et qui étoit dû à l'acide sulfureux, et l'autre qui resta en résidu, et qui ne montra aucune disposition à se cristalliser, et qui,
après avoir été désséché, attiroit l'humidité
de l'air, et se résolvoit promptement en liqueur. Je considérois celui-ci comme étant
dû à l'acide du sucre seul. Son goût étoit
agréable, et l'huile de vitriol en dégageoit
des vapeurs tout à fait semblables à celles
du vinaigre radical.

46e. Etant ainsi amené à la connoissance
du sucre, j'en pris une livre du plus pur
que je mis dans une cornue de grès luttée,
et l'ayant placée au fourneau de reverbère,
je lui adaptai un balon au moyen d'une allonge, et allumai du feu dans le fourneau.

Lorsque le sucre fut bien chauffé, le balon
se remplit de vapeurs blanches fort épaisses ,
et bientôt après je vis distiller une liqueur
jaune, et ensuite une huile rousse qui disparoissoit en grande partie dans la liqueur.
Lorsqu'il ne monta plus rien je déluttai les
vaisseaux : je trouvai dans le balon environ 9
onces d'une liqueur jaune, très-acide , très-
aromatique et empireumatique , et sentant
fortement le caramel; elle étoit surmontée de
quelques gouttes d'huile, que je regardai comme la cause de cette odeur. Le peu que j'obtins
de cette huile, au moyen d'un siphon, remplit tellement mon laboratoire de l'odeur de
caramel, que pendant long-tems on n'y sen-
tit pas autre chose. Mais cette huile étoit tellement attaquée par cet acide , qu'elle étoit
d'un jaune très-foncé et déja un peu bitumineuse. Je ne doutai pas, en conséquence, que
la plus grande partie de cette huile ne fut restée dissoute dans la liqueur du balon , ce
qui étoit la cause de sa couleur comme de
son odeur. Il me parût que cette huile essentielle du sucre étoit très-volatile, et qu'il
seroit possible de l'obtenir encore plus volatile en la rectifiant au moyen de la dis-

tillation avec de l'eau, mais j'en avois trop
peu pour entreprendre cette opération.

47ᵉ. Mon but principal étoit ici d'examiner l'acide du sucre, que maintenant on ne
peut méconnoître, n'y ayant rien eu dans cette opération qui ait pu le déguiser, que l'huile
à laquelle je le voyois uni à regret. Malgré
cette union je vis que cet acide étoit plus
pesant que je ne l'avois imaginé d'abord ;
aussi le laissai-je exposé à l'air sans rien
craindre, et je vis que les gouttes d'huile
qui y étoient encore, devenant de plus en
plus épaisses et bitumineuses, se précipitoient au fond. En cet état cet acide faisoit
une forte impression sur la langue, tant par
lui-même que par l'huile qui lui étoit unie,
et cette impression n'étoit pas désagréable.
Combiné avec les alkalis et la terre absorbante, presque sans effervescence, il ne
formoit que des espèces d'extraits salins noirâtres, attirant fortement l'humidité de l'air
sur-tout avec la terre absorbante.

Cet acide étoit encore assez fort pour attaquer les métaux. En ayant combiné avec le
fer j'en eus pareillement un extrait, mais
bien plus noirâtre, et qui, au lieu d'attirer

l'humidité de l'air comme les autres ; se
desséchoit à l'air fort bien, et se laissoit lever en écailles luisantes.

48°. Pour débarrasser cet acide de son
huile, et l'obtenir pur autant que je l'imaginai alors, je le combinai avec la craye.
Ayant desséché entièrement cette combinaison par l'évaporation au bain de sable, je
l'introduisis toute chaude dans une cornue
de verre bien nette ; je versai dessus suffisamment de l'acide vitriolique pour décomposer cette combinaison et en dégager cet
acide. Il s'en éleva aussitôt des vapeurs sentant l'esprit acide du vinaigre ; et telles à
peu près que celles qui s'élèvent lorsqu'on
traite de la même manière le sel résultant
de la combinaison du vinaigre avec l'alkali
végétal déliquescent ou la terre absorbante.
Ayant placée cette cornue au bain de sable,
et y ayant adapté un balon, je ménageai le
feu de manière que je n'eus pas à craindre
que mon acide fut infecté par l'acide sulfureux, s'il se trouvoit qu'il y eut un peu
trop d'acide vitriolique dans ce mélange.
Tout se passa précisément comme dans la
distillation de l'acide du vinaigre radical.

I 4

L'acide du sucre monta blanc comme lui, et ne me parut en différer que parce qu'il avoit encore une légère odeur de caramel fort agréable, ce qui venoit très-vraisemblablement de quelques légères parties d'huile de sucre, qui est le principe de cette odeur.

49ᵉ. Je m'empressai alors à combiner cet acide avec l'alkali déliquescent, le minéral et l'alkali volatil. Cette fois-ci j'eus des substances salines blanches et nettes, et ayant véritablement des formes salines, mais sans cristaux distincts et apparens : ce n'étoient que des assemblages confus de molécules salines, comme les sels déliquescens en donnent : celui de l'alkali volatil parut cependant comme festonné sur le fond de la capsule, et ceux des alkalis fixes me parurent entièrement semblables à ceux qui résultent de la combinaison de l'acide du vinaigre radical avec les mêmes alkalis. Tous ces sels, fort piquans aussi sur la langue, sur tout l'ammoniacal, y laissoient une légère impression de caramel ; ils attiroient aussi comme les sels faits par l'acide du vinaigre, fortement l'humidité de l'air, et étoient en tout semblables à ce qu'on appelle en pharmacie ; terre foliée de tartre.

Je me crois donc en droit de conclure que l'acide du sucre est au fond le même que celui du vinaigre. Il peut devenir entière-ment semblable à l'acide du vinaigre radi-cal, en perdant par une seconde combinai-son avec les alkalis, et en étant dégagé une seconde fois par l'acide vitriolique, la petite odeur de caramel qu'il conserve encore.

5o^e. Le charbon qui étoit résulté de la distillation du sucre étoit si volumineux, qu'il remplissoit toute la capacité de la cor-nue. Il étoit fort léger, fort noir, fort poreux, et n'ageoit sur l'eau comme une éponge. Il fut réduit en cendre de la manière que nous l'avons dit. Cette cendre, du poids de qua-rante-huit grains, fut attaquée par l'acide nitreux, qui en dissolvit les deux tiers à peu près. Cette dissolution filtrée et évaporée, donna un sel de nitre calcaire. L'acide vi-triolique versé sur une partie de cette disso-lution liquide, en fit précipiter sur le champ une sélénite.

La partie de cette cendre restée sur le fil-tre, lavée avec de l'eau distillée, fut mise avec de l'acide vitriolique, et chauffée fortement au bain de sable. Cette dissolution, filtrée et évaporée, donna quelque peu de sel d'Epsom. Il resta encore sur le filtre un résidu assez considérable, qui me parut ferrugineux et argilleux (1). Il y a apparence que le peu de sel marin que j'avois obtenu dans les expériences précédentes fut emporté par l'acide nitreux, et le lavage du dépôt sur le filtre. Pour vérifier cela, j'édulcorai tout simplement la partie de cette terre ou cendre que j'avois réservée avec de l'eau distillée. Je fis chauffer le mélange, et ayant filtré, j'eus effectivement par l'évaportion un résidu sa-

---

(1) A ce dernier égard je me trompois, c'étoit une terre toute particulière que j'avois déja apperçue en 1763 dans les cendres de plusieurs sortes de végétaux. Cette terre ressemble à l'argille, mais ne se dissout pas comme elle dans les acides. Les acides les plus forts se chargent, à la vérité, d'une petite quantité de cette terre, mais ce n'est qu'au moyen d'un grand excès d'acide. Cette terre se fond et rend les verres opaques et laiteux. J'ai fait mention de cette terre, et l'ai établie comme une espèce particulière dans une dissertation sur le nombre des terres primitives, envoyée à l'académie de Turin.

lin grisâtre, duquel l'huile de vitriol chassa des vapeurs blanches d'acide marin.

Tel est au surplus à peu près le produit de
l'incinération des végétaux, comme je l'ai
démontré dès l'année 1768, dans mon petit *Traité des eaux minérales, pag.* 348.
Le suc des cannes dont on tire le sucre,
malgré les précautions que l'on prend pour
le purifier, contient toujours comme on voit
quelques parties terrestres de la végétation ;
et j'étois bien plus étonné d'y en voir si peu ;
ce qui m'obligeoit à considérer la plus grande partie de ses matières composantes comme étant dues à l'air et à l'eau, à l'acide et à
l'huile.

Après l'air et l'eau, l'acide est le principe
qui abonde le plus dans le sucre ; cela est
très-sensible, et je me crois fondé à penser
que cet acide puissant en fait une grande
partie, au moins un grand tiers. En considérant maintenant la fermentation qu'éprouve le sucre pour se convertir en esprit
ardent, on ne peut s'empêcher de reconnoître que cet acide n'entre en entier dans
sa composition ; car il n'y a pas lieu de croire qu'il s'y décompose, puisqu'en effet la

déflagration de l'esprit de vin , laisse de l'acide , et un acide tout semblable à celui-ci , et que les acides minéraux, que l'on met avec l'esprit de vin pour le convertir en éther, donnent plus d'acide qu'on y en a mis. On sait d'ailleurs que les résidus des éthers bien analysés , présentent un véritable acide du vinaigre ou radical , comme le cit. Baumé l'a démontré dans sa *Dissertation sur les éthers.* Il est vrai que ce chymiste ne comprenoit pas trop alors d'où provenoit cet acide, non plus qu'un chymiste allemand qui l'a copié en cela comme en plusieurs autres choses. On voit que le cit. Baumé penche à croire que cet acide est un résultat de l'opération de l'éther ; et on peut regretter qu'il n'ait pas eu alors l'idée d'analyser l'esprit de vin et par suite les matières sucrées qui le produisent ; il auroit fait par-là un grand pas vers la vérité et la connoissance des matières susceptibles de se changer en esprit ardent. Au surplus , si on veut démontrer l'acide du vinaigre dans les résidus des éthers , on n'a qu'à saturer tout un résidu d'éther fait par l'acide vitriolique avec l'alkali fixe, y verser ensuite de l'huile de vitriol, et distiller le tout, on en obtiendra un véritable acide de vinaigre radical.

Cependant j'avois de fortes raisons de soup-çonner, qu'outre toutes les matières dont je viens de parler, mon sucre contenoit encore quelque peu de sélénite. J'en ai déja fait appercevoir dans une de mes expériences nº. 35, sans que j'eusse donné lieu à sa formation ; outre encore la preuve que je croyois en avoir par le dernier résidu, qui me paroissoit trop considérable pour les matiè-res que j'y avois indiquées, j'avois apperçu qu'une portion de mon sel acide résultant de la combinaison de l'acide marin avec le sucre, en s'insinuant totalement dans le papier où je l'avois mis à sécher, avoit laissé sur ce papier de petits cristaux très-fins d'une belle sélénite, et qui étoit absolument insipide au goût. D'après ces considérations, j'examinai mieux que je n'avois fait le résidu où j'avois apperçu du sel marin, et je vis qu'en effet il y avoit de la sélénite ; car ce très-petit résidu mis sur un charbon ardent où je souflai, me donna bien distinctement des vapeurs d'acide volatil sulfureux.

Si on fait attention, que presque toutes

les eaux dont on se sert tant dans nos colonies de l'Amérique qu'en France, sont séléniteuses, on ne sera point étonné de trouver de la sélénite dans le sucre.

## De l'arsenic et de son prétendu acide.

Dans mon *Traité de la dissolution des métaux*, ainsi que dans la *Dissertation* qui a remporté le prix de l'académie royale des sciences de Berlin, en 1773, j'ai fait voir que l'arsenic, soit en chaux soit sous la forme métallique, traité directement avec les acides ne donnoit non-seulement des substances salines réelles et permanentes, mais même ne donnoit pas de dissolutions complettes ou saturées entièrement ; et j'ai fait remarquer que l'union de cette substance avec les acides étoit telle, qu'elle ne pouvoit être considérée que comme la réunion d'un acide avec un autre, et qu'en cet état elle étoit susceptible de se combiner avec les corps, sans se désunir totalement. Rien de ce qui a été dit depuis n'a détruit cette vérité, que je crois inaccessible à la critique. Mais Scheele, ayant annoncé depuis qu'il avoit décomposé l'arsenic et réduit en un acide parfait, en suivant sa méthode prétendue de déphlogistiquer les métaux, c'est-à-dire, en le traitant dans une cornue avec l'acide nitreux ; et les chymistes pneumatistes ayant adopté promptement cette prétendue découverte, comme très-conforme à leur théorie ; je fis le projet d'examiner un jour ce qui en étoit, pour suppléer à ce que j'ai dit de l'arsenic dans mon *Traité de la dissolution des métaux* (1).

---

(1) On sait que ces messieurs soutiennent que le gas acidifiant, ou ce qu'ils appellent la base de l'air vital, ou l'oxigène de Lavoisier, se combinant avec les chaux métalliques, produit cette merveille ; comme nous avons vu qu'ils prétendent qu'il la produit dans le sucre. Je dis merveille, car c'en est une véritable, qu'une substance aussi matérielle qu'une chaux métallique puisse se convertir en acide aussi facilement que le sucre. C'est une autre merveille que ce principe acidifiant ait la faculté de changer également en acide des matières si dissemblables. Voilà les deux fondemens sur lesquels porte un des plus grands principes de la brillante théorie de ces messieurs. Il est seulement facheux pour cette théorie que ces fondemens soient aussi mauvais ; car après

51ᵉ. Je fis d'abord le prétendu acide de
l'arsenic, en mettant dans une cornue deux

---

avoir démontré leur erreur au sujet du sucre , nous
allons démontrer que l'arsenic n'est pas plus changé
en acide par cet oxigène, qu'il n'est décomposé selon la prétention de Scheele. Il est encore fort fâcheux pour cette théorie qu'aucune autre chaux
métallique ne donne rien de semblable étant traitée
de la même manière. Il est fâcheux sur-tout pour les
prétentions de ces nouveaux chymistes , que les
chaux d'étain, de plomb , de zinc , d'antimoine , et
d'argent et de mercure, se montrent toujours re-
belles à ce beau principe. Cela n'a pourtant pas empêché qu'un adepte de cette nouvelle chymie , n'ait
prétendu , dans le *Journal de Physique* , avoir converti la chaux de fer en acide , ou , pour parler
selon les principes de ces messieurs , n'ait dévoilé
le prétendu acide de ce métal. Mais les vrais chymistes n'ont sans doute pas trouvé concluantes ces
raisons. Ils y ont dû voir seulement que tout y est
destitué de preuve et de bon sens. Ils ont pu y voir
aussi que ces chymistes n'ont pas même l'honneur
d'avoir imaginé cette erreur, quelle leur a été four-
nie encore par Scheele, qui croyoit que tous les métaux étoient composés d'acide et de phlogistique ,
sans pourtant avoir d'autre preuve de la vérité de
son opinion , que la pétendue conversion de l'arsenic
en acide.

onces d'arsenic blanc réduit en poudre, avec huit onces de bon acide du nitre, en distillant ce mélange convenablement au bain de sable jusqu'à siccité. Je n'en décrirai pas les phénomènes, puisqu'ils sont suffisamment connus. On sait que dans cette occasion, comme dans toutes celles où l'acide nitreux est en contact avec les substances métalliques, et qu'il les dissout, il s'en élève des vapeurs rouges. Mais comme les chymistes pneumatistes regardent ces vapeurs comme étant dues à leur calorique et à leur azote, et qu'ils prétendent qu'elles se séparent entièrement de l'air vital, ou de l'oxigène, par où ils prétendent que l'acide nitreux est entièrement décomposé ; il est bon de faire remarquer qu'en cette occasion, comme en bien d'autres, si on ne voit plus paroître de ces vapeurs rouges, c'est parce qu'elles sont retenues fortement par la substance dissoute et saturée, et plus par l'arsenic que par toute autre ; que si on pousse le feu comme le prescrit Scheele, pour avoir le prétendu acide de l'arsenic aussi pur qu'il est possible, on en voit reparoître, à la vérité, pas aussi abondamment qu'on en voit

K

par la calcination du nitre mercuriel, et de celui d'argent, qui retiennent bien moins les dernières portions de cet acide. La seule différence qu'on peut remarquer entre ces substances salines, c'est que l'arsenic ne sature jamais parfaitement l'acide auquel il est uni, et qui, comme nous l'avons dit, ne forme qu'un acide composé avec eux.

Au surplus cette masse saline de l'arsenic, regardée par Scheele comme l'acide pur de l'arsenic, et par les autres chymistes pneumatistes, comme un acide nouvellement formé par l'union de leur oxigène avec la chaux de l'arsenic ; cette masse, dis-je, fut dissoute dans l'eau distillée ; cette dissolution présentoit toutes les marques d'une acidité sensible et un goût acerbe très-marqué, comme tous les sels arsenicaux ; ce qui seul auroit fait douter d'abord de la vérité de la prétention de ces chymistes. Mais il sagissoit de savoir alors si l'arsenic étoit véritablement préexistant ou comme acide dans ce prétendu acide. Voilà la question qu'il falloit se faire pour arriver à la vérité et que ne se sont pas faite, ni Scheele ni les nouveaux chymistes, qui ne se sont point mis

en peine de prouver la vérité de leur opinion.
Trop contens les uns et les autres de trouver en cela des prétendues preuves de leur
théorie, ils s'en sont tenus aux apparences.
Scheele cependant semble en avoir dit plus
qu'il ne faut pour faire tout au moins douter de ce qu'il croyoit si fermement ( voyez
page 138, première partie de ses mémoires ) ;
car d'abord ayant mis de son prétendu acide de l'arsenic dans une cornue, et l'y ayant
poussé par la chaleur aussi fortement qu'il
put, il dit qu'il trouva de l'arsenic blanc sublimé dans le col de ce vaisseau ; la même opération fut répétée dans un creuset couvert. Il
est, nous semble, bien évident par-là que
si l'arsenic n'avoit pas existé dans cet acide
comme arsenic, il n'auroit pas pu se pré-
senter ainsi, car il n'y avoit eu rien d'étranger dans ces opérations qui eut pu opérer
cette conversion. D'un autre côté, Scheele
avoue que son prétendu acide de l'arsenic,
produit à peu près tous les effets de l'arsenic blanc, qu'il décompose comme lui le
nitre, et forme le sel neutre de Macquer (1).

_______________

(1) Je viens de voir dans un nouvel ouvrage du

52e. La première expérience que je fis pour découvrir ce que je cherchai , fut de mettre une certaine quantité de ce prétendu acide arsenical sous la forme sèche , dans un petit creuset neuf , que je plaçai entre les charbons ardens. Dans l'instant mon laboratoire fut rempli de vapeurs d'acide nitreux et d'arsenic ; et en y jetant du charbon en poudre , j'en fis partir sur le champ tout ce qu'il y avoit d'arsenic sous la forme de vapeurs blanches , avec l'odeur d'ail qui lui est propre. Comment se peut-il , me disois-je alors , qu'un être homogène , comme on

---

citoyen Fourcroy, fait au sujet des eaux d'Enghien , que l'asenic est reconnu réellement comme préexistant dans ce prétendu acide de l'arsenic ; car ce chymiste fait connoître des effets qui ne peuvent avoir lieu qu'autant que l'arsenic est libre et en nature. C'est la même inconséquence que celle de Scheele. On en peut voir la preuve aux pag. 131 et 134 de ce curieux ouvrage. C'est ainsi que ces chymistes de nouvelle espèce , se jouent, pour ainsi dire, de leur théorie , des circonstances et des effets de la chymie , qu'ils font et défont tout ce qui s'oppose à leur théorie, et expliquent les faits en faveur de leur théorie , sans égard pour la vérité.

prétend que l'est cet acide , se décompose
si facilement ? Il est clair que , selon les idées
des chymistes pneumatistes , cela ne doit
pas être. Mais voici une expérience toute aussi simple et toute aussi convaincante , pour
prouver que l'arsenic est préexistant dans ce
prétendu acide de l'arsenic , ou qu'il n'y est
nullement décomposé.

53e. Je pris une once à peu près de ce
sel ; l'ayant partagée en deux parties égales,
et ayant étendue l'une et l'autre dans suffisante quantité d'eau distillée , je versai sur
l'une de l'alkali volatil et sur l'autre de l'alkali fixe déliquescent. Il se produisit dans
l'une comme dans l'autre une vive effervescence , et y ayant mis de ces deux alkalis jusqu'au point de saturation , il se fit dans l'une
et dans l'autre un précipité abondant blanc,
mais plus grand dans la partie où j'avois mis
de l'alkali volatil , probablement à cause
qu'il étoit plus caustique , et qu'il avoit bien
moins d'air fixe ou acide. Ayant ramassé
les précipités sur un filtre de papier et fait
sécher , ils ne se présentèrent sur les charbons ardens purement et simplement que
comme de l'arsenic pur. Si l'arsenic n'est

plus comme arsenic dans cet acide , comment peut-il se séparer comme arsenic dans cette occasion ? c'est-là un argument simple , mais juste, nous semble , et auquel les nouveaux chymistes ne sauroient répondre d'une manière satisfaisante en soutenant leur système.

Il faut pourtant observer que dans ces occasions l'arsenic n'est jamais entièrement précipité. On voit qu'il y en a toujours une portion qui reste combinée dans le nouveau sel qu'on forme , comme nous allons le démontrer. C'est-là le caractère propre de cette substance , et qui prouve la vérité de ce que nous avons avancé précédemment , de l'union de larsenic avec les acides , et qui forme avec eux des acides mixtes , et que c'est cet excédent qui se précipite.

Les liqueurs qui avoient passé à travers le papier , furent mises chacune en particulier dans une capsule , et exposées en évaporation au bain de sable. La liqueur provenante de l'alkali volatil , me donna une des plus belles cristallisations qu'il soit possible de voir. Elle consistoit en arguilles ou prismes solides et transparens , de deux à trois lignes de longueur, qui se croisoient et qui étoient ajustées base à base, de manière qu'elles représentoient des roses ou des étoiles selon le nombre de ces prismes réunis. Quelques-uns de ces cristaux, ceux qui étoient les plus réguliers, étoient taillés à une de leurs extrémités en piramide, et d'autres comme brisées obliquement, où l'on voyoit une échancrure ou rigole, qui régnoit dans toute leur longueur. Ce sel n'attiroit pas l'humidité de lair, au contraire, il s'y desséchoit promptement, mais il se dissolvoit facilement dans l'eau. C'est-là un nouveau sel neutre arsenical, digne de figurer dans le catalogue des sels. Il est vrai qu'il semble que Scheele a eu connoissance de ce nouveau sel, si on s'en rapporte à ce qu'il dit dans sa *Dissertation sur l'arsenic*, où pourtant je n'ai pas vu qu'il ait suivi le même procédé.

L'autre liqueur ma donné un sel bien différent. Il étoit formé en plaques fort minces, où l'on voyoit un entrelacement de petits grains allongés anguleux et d'autres comme aiguillés. Ceux-ci étoient vers les bords de la capsule, et paroissoient être l'effet d'une végétation. Ce sel étoit bien moins difficile à se résoudre à l'air, il paroissoit, au contraire, fort disposé à en attirer l'humidité. Le goût de se sel, comme du précédent, étoit, comme celui de tous les sels arsenicaux, acerbe et fort désagréable au goût.

54e, Ces sels exposés sur les charbons ardens n'y détonnèrent pas, ils s'y boursoufflèrent seulement en jettant des vapeurs arsenicales, sentant l'ail comme à l'ordinaire. Après cela je les exposai chacun en particulier dans un creuset, et ayant placé ces creusets entre les charbons ardens, le sel provenant de la combinaison du prétendu acide de l'arsenic avec l'alkali volatil, se dissipa entièrement comme tous les sels ammoniacaux en pareille circonstance, et celui de l'alkali fixe y laissa un résidu blanc, qui étoit dû à cet alkali.

En cela on ne voit rien d'extraordinaire et que ne produise l'arsenic lui-même combiné de la même manière. Il est vrai qu'il n'y a pas de détonnation comme on devroit s'y attendre, en croyant comme je l'ai donné à entendre, que ce prétendu acide de l'arsenic, n'est qu'un composé de l'acide nitreux et de l'arsenic dans son état naturel ; mais on sait que c'est un fait connu que l'arsenic empêche cet effet. Il seroit bien plus étonnant, en s'en tenant aux idées des nouveaux chymistes, que cet effet n'eut pas lieu en cette occasion, puisqu'on sait que ces messieurs soutiennent que la détonnation du nitre n'est dû qu'à l'air vital, et que cet acide prétendu de l'arsenic en doit contenir bien plus à proportion. Au surplus je ne veux pas nier que l'acide nitreux ne soit altéré en se combinant avec l'arsenic ; trop de preuves viennent à l'appui de ce fait. Mais il ne s'agit pas de cela, mais de savoir si l'arsenic se décompose ou non, et si le résultat de cette décomposition est un acide, selon l'opinion de Scheele, ou si, selon celle des chymistes pneumatistes, l'oxigène de l'acide nitreux convertit véritablement l'arsenic en un acide réel et parfait.

55e. Pour découvrir la vérité, je pouvois me servir encore de deux expériences ; mais comme dans l'une et dans l'autre il faut employer la poudre de charbon, ces messieurs qui, comme je l'ai dit en note, font de leur théorie tout ce qu'ils veulent, et l'ac-

commodent toujours aux cas et aux circonstances, ne manqueront pas d'en rejeter les
conséquences. L'une est de mêler tous ces
sels avec de la poudre de charbon, de mettre ce mélange dans une cornue, et d'exposer ce vaisseau au feu du fourneau de réver-
bère ; l'arsenic de ces sels vient se sublimer
sous la forme métallique au col de la cornue. L'autre expérience consiste à mêler ces
sels avec quatre parties de flux noir et un
quart de cuivre ou de fer, et de pousser ce
mélange au feu de fonte. Après l'opération
on trouve dans le fond du creuset un régule
arsenical, tel qu'on le feroit en employant,
dans une telle opération, de l'arsenic dans
son état naturel.

Mais toutes ces expériences deviennent
inutiles pour découvrir si l'arsenic est sous
sa forme naturelle dans le prétendu acide arsenical, puisque les foies de soufre versés
dans cet acide, le font paroître dans l'instant sous la forme d'orpiment. Le même effet a lieu avec les sels dont nous venons de
parler; ce qui est encore plus convaincant,
puisqu'il n'y a pas en cette circonstance un
excès d'acide qui puisse faire illusion, en fai-

sant précipiter purement et simplement le soufre.

56e. Cependant pour me mettre encore plus à portée de voir que les idées de Scheele et celles des chymistes pneumatistes, à l'égard de l'objet qui nous occupe, sont fausses, comme à l'égard de tant d'autres ; je crus devoir répéter l'expérience par laquelle ces chymistes prétendent avoir décomposé l'arsenic et l'avoir converti en acide, en me servant, au lieu de l'arsenic blanc, de l'arsenic natif, c'est-a-dire, sous sa forme de métal. Je pris pour cela une demi once d'arsenic natif, provenant des mines de Sainte-Marie, le plus pur qu'on connoisse comme le plus métallique. L'ayant réduit en poudre très-fine, je l'introduisis dans une cornue de verre, avec deux onces d'acide nitreux fumant. Ayant lutté un balon à cette cornue, étant placée sur un bain de sable, je procédai à la distillation comme pour l'arsenic blanc. Je ne remarquai en cette circonstance aucune différence dans les vapeurs rouges ; elles ne me parurent ni plus foncées, ni en plus grande quantité, ni que la liqueur qui passa fut plus forte. La matière qui resta dans la cornue fut également

blanche; acide, et suscptible de se dissoudre dans l'eau. Cette masse arsenicale se
trouva peser cinq gros et quelques grains.

Il est clair que, selon les idées de Scheele,
l'acide nitreux trouvant dans cet arsenic plus
de phlogistique que dans l'arsenic blanc ou
en chaux, et devant s'en saturer, comme
il le croyoit, plus promptement, devoit d'autant moins convertir cette substance métallique en acide, et suivant les idées des nouveux chymistes, cette proportion d'acide nitreux devoit être trop petite pour fournir
assez d'oxigène à l'arsenic pour le convertir
aussi parfaitement en acide que l'arsenic
blanc ; mais les choses s'étant trouvées exactement les mêmes, et ayant obtenu de ce
procédé un prétendu acide arsenical parfaitement semblable à celui que j'avois obtenu de l'arsenic en chaux ; il en faut conclure que ces deux théories sont à cet égard
également fausses.

Cette expérience me donna lieu d'observer
une chose à laquelle je n'avois pas fait attention dans l'autre expérience, n°. 51 ; c'est
que la portion de l'acide foible qui se trouva dans le balon étoit chargée d'une très-petite portion d'arsenic ; car non-seulement le

nitre que j'en fis, en le combinant avec l'alkali fixe, fit sentir des vapeurs légèrement
arsenicales sur les charbons ardens, mais
même le foie de soufre versé sur cet acide
en faisoit précipiter un peu d'orpiment.

57ᵉ. Mais comme on pouvoit penser d'a-
près l'opinion des pneumatistes qu'à force de
faire passer de l'acide nitreux sur l'arsenic, on
le convertiroit enfin sous la forme véritable
d'acide, puisque par-là on lui fourniroit autant d'oxigène qu'il en auroit besoin pour cela, je crus devoir répéter l'expérience 51ᵉ.,
et devoir repasser sur le résidu sec de la cornue, jusqu'à quatre fois la même dose d'acide
du nitre; mais ce résidu ne changea nullement, et ne se convertit pas plus en acide.
Il se trouva aussi sec après ces quatre distillations qu'auparavant; ce qui pourtant ne
devoit pas être selon cette théorie : il est de
l'essence des acides d'être liquides, mais ce
n'est là qu'une très-petite difficulté pour ces
prétendus chymistes, qui étendent la classe des acides de tous les sels qui ont un excès d'acide. Ce que je vis clairement en cela, c'est que l'arsenic ne reçoit de cet acide,
que ce qui lui en faut pour s'en saturer, et

qu'il n'en prend pas au-delà. Aussi les dernières doses d'acide remontoient-elles plus
fortes que les premières ; c'est ce qui vient
à l'appui du principe du célèbre Rouelle,
que même les sels avec excès d'acide, ont
un point de saturation comme les autres sels.

58°. Mon dessein étant de traiter de la
même manière l'arsenic avec les autres acides, je mis en conséquence une once d'arsenic natif réduit en poudre dans une cornue, et je versai dessus quatre onces de
bon acide marin, bien pur et bien fort. J'en
fis la distillation comme à l'ordinaire au bain
de sable, et je la poussai jusqu'à parfaite siccité de la matière. Les choses se passèrent
bien différemment. La distillation se fit tranquillement, et bien plus lentement que celle
de l'acide nitreux. La voûte de la cornue fut
continuellement remplie de gouttes blanches
aqueuses qui étoient attachées aux parois,
et nulle vapeur ne se fit sentir. Je trouvai
dans mon balon l'acide marin blanc et clair
comme de l'eau, et presque aussi fort que
celui que j'y avois mis ; ce qui me fit croire
qu'il n'étoit pas resté beaucoup de mon acide dans l'arsenic ; mais je me trompois.

59°. Comme je m'étois assuré que l'acide nitreux foible qui s'étoit élevé de dessus l'arsenic, en avoit emporté une petite partie ; il étoit naturel de croire à plus forte raison que l'acide marin, dont la propriété bien connue est d'enlever les métaux avec lui, lorsqu'il se volatilise de dessus d'eux, devoit en avoir aussi emporté une partie remarquable. Pour m'en assurer je versai sur une portion de cet acide du foie de soufre, qui y produisit aussitôt un précipité jaune d'orpiment fort abondant ; sur une autre portion de cet acide, je versai de l'alkali caustique, qui y produisit aussitôt un précipité d'un blanc verdâtre ; et sur une autre portion de ce même acide de la liqueur saturée du bleu de Prusse, qui la colora en bleu de ciel.

60°. Le résidu de ma cornue n'étoit pas blanc comme celui de l'acide nitreux, mais noirâtre, ou tel à peu près que l'arsenic que j'y avois mis, et je croyois en conséquence en avoir dissout très-peu ; mais je fus bientôt détrompé, car ayant versé dans cette cornue de l'eau bouillante, et ayant divisé par la cette masse, il y en eut une partie de dissoute. Je jetai le tout sur un filtre, il passa une liqueur blanche et limpide comme de l'eau qui, appliquée sur la langue, y laissoit un goût acre, acerbe comme tous les sels arsenicaux; mais cette liqueur étoit bien moins acide que celle de l'acide nitreux; c'étoit, en un mot, du beurre d'arsenie décomposé, dont j'avois emporté l'excès de l'acide par ce lavage. Cette liqueur évaporée dans une capsule au bain de sable me présenta, au bout de vingt-quatre heures, une cristallisation formée de petits cristaux en plaques, qui séchés sur le papier brouillard, se trouvèrent un sel arsenical tout particulier, qui prenoit fortement à la langue, et y laissoit un goût acerbe fort désagréable. Mis sur les charbons ardens, il exhaloit une forte odeur d'ail en répandant une vapeur blanche comme le fait l'arsenic.

C'est une chose très-intéressante de voir que les sels arsenicaux diffèrent, selon la manière dont ils sont faits, et quoique faits par le même acide; car il n'y a pas le moindre rapport entre mon sel et le beurre d'arsenic, non plus qu'entre lui et l'espèce de sel avec excès d'acide qu'on obtient, selon

que

que je l'ai rapporté dans mon *Traité de la dissolution des métaux*, en combinant purement, simplement et directement l'arsenic avec l'acide marin dans un matras; car nous avons vu, ainsi que nous l'avons rapporté ci-devant, qu'on n'a dans cette circonstance qu'une sorte d'acide double ou acide composé. Qu'elle prodigieuse différence n'y a-t-il pas entre le sel de Macquer et celui qu'on obtient en saturant simplement de l'alkali fixe avec de l'arsenic ! Il est vrai qu'on prend cette différence si sensible pour une preuve que l'un de ces sels est constitué par l'acide arsenical, tandis que l'autre l'est simplement par l'arsenic dans son état naturel. Telle est la prétendue découverte d'un des disciples de Scheele et de quelques adeptes de la nouvelle chymie. Mais l'on peut encore assurer que cette découverte n'a de réalité que dans l'imagination, puisqu'on peut faire revenir ces sels au même état les uns et les autres, soit par une augmentation de la dose de l'arsenic, ou soit par celle de l'alkali, et que ces différences ne dépendent que des proportions différentes des parties constituantes.

L

61<sup>e</sup>. A mesure que notre sel se dépouille de son excès d'acide, il devient indissoluble ; et, comme presque tous les sels métalliques, à mesure qu'il est lavé, il se dépouille de son acide, et se réduit en chaux.
En ayant mis environ un demi gros dans
environ quatre onces d'eau distillée, que je
fis chauffer, il ne put s'y dissoudre totalement, il laissa précipiter une petite partie
de sa base, et la partie de l'acide qui l'avoit
tenue en dissolution, sous la forme de sel,
servoit en cette occasion à tenir l'autre en
dissolution. Mais pour mieux reconnoître
encore la propriété qu'a ce sel de se décomposer ainsi par l'eau, j'en pris une nouvelle
quantité que je triturai dans un mortier de
marbre avec beaucoup d'eau distillée chaude, comme j'avois fait pour décomposer et
réduire en chaux beaucoup d'autres sels métalliques. Ayant ensuite ramassé le résidu
sur un filtre de papier, et passé encore à plusieurs reprises de l'eau chaude dessus, j'eus
une chaux d'arsenic entièrement pure. C'est
ainsi que j'avois montré dans mon *Traité
de la dissolution des métaux* que se décomposent le vitriol de mercure, ou turbit

minéral, le sel de nitre mercuriel, le sel
de saturne. On voit par-là que le sel qui nous
occupe en ce moment ne peut se soutenir
dans l'eau comme un véritable sel, qu'autant qu'il est pourvu d'un excès d'acide,
comme tous les sels de cette espèce. C'est
pourquoi, ayant ajouté quelques gouttes d'a-
cide marin à l'eau dans laquelle étoit notre sel, je l'y ai rendu soluble parfaitement,
et l'ai empêché de se précipiter; et quand
j'ai ajouté à ce sel de l'acide marin fumant
et très-concentré, je l'ai converti en ce qu'on
appelle beurre d'arsenic. On voit encore par
ceci que ce n'est pas en raison de l'addition
de l'oxigène que ce sel a pris cette forme,
comme les chymistes pneumatistes se le sont
imaginés, et qu'une surabondance d'acide
marin pur et simple suffit pour cela, comme les anciens chymistes l'ont expliqué.

62e. Il ne s'agissoit plus que de savoir si
notre sel singulier avoit aussi la faculté de
transmetre aux sels qui résulteroient de sa
combinaison et décomposition avec les alkalis, une portion d'arsenic, de manière
qu'ils fussent des sels arsenicaux à peu près
pareils à ceux que nous avons eu de l'a-

cide nitreux arsenical combiné avec les mêmes alkalis. Nous navions pas lieu de le
croire , en voyant la facilité avec laquelle ce
sel se décomposoit. Pour savoir à quoi nous
en tenir, je versai d'abord sur une portion
de notre sel dissoute dans l'eau de l'alkali déliquescent , qui y produisit sur-le-champ un
précipité verdâtre , très-abondant ; ce qui me
fit croire que tout l'arsenic avoit été précipité.
Je filtrai la liqueur, et je changeai d'opinion
dans l'instant , en y jetant quelques gouttes
de foie de soufre fait par l'alkali fixe , qui y
produisit un très-petit précipité d'orpiment.
Mais ce ne fut pas là la seule preuve que
l'acide marin avoit retenu de l'arsenic malgré sa combinaison avec les alkalis , car cette liqueur saline évaporée donna un sel marin de Silvius qui exhaloit des vapeurs arsenicales sur les charbons ardens, mais en bien
moindre quantité que les sels nitreux arsenicaux.

L'alkali volatil privé d'air acide ou ce qu'on
nomme dans la nouvelle chymie l'alkali volatil caustique (1), qui précipite encore mieux

_______________

(1) J'ai déja observé qu'on auroit grand tort de

l'arsenic, procure aussi un sel ammoniac arsenical très-sensible, en le combinant avec
notre sel. Ces deux faits fournissent matière à
faire une objection qui nous paroit bien fon-
dée contre la nouvelle théorie ; car puisqu'il
est vrai que l'arsenic, sans avoir été ici oxigèné, comme il l'est par l'acide nitreux,
fournit néanmoins des sels arsenicaux, à
peu près pareils à ceux que fournit le prétendu acide arsenical, on ne peut donc point
regarder cette propriété comme étant une
preuve de l'acidification de l'arsenic, ou son
passage à l'état d'acide réel ; puisque de l'a-
veu même de ces nouveux chymistes, l'a-

confondre, par cette expression, l'alkali caustique
fait avec la chaux, avec celui qui n'est privé purement et simplement de son air acide, que par la
calcination. Nous avons vu que celui qui est fait
avec la chaux en contient toujours une partie qui lui
donne des propriétés particulières. Il est démontré
d'abord qu'il est infiniment plus caustique est plus fusible. La pierre à cautère, en un mot, ne peut être
nullement confondu avec l'alkali fixe privé d'air acide purement et simplement, et c'est encore là une
autre preuve du peu d'exactitude des chymistes pneumatistes ou de leur extrême prévention.

cide marin, bien loin d'oxigener un métal,
prend, au contraire, celui des chaux métalliques et de la manganèse Il faut d'ailleurs
se rappeler que l'arsenic blanc s'unit de lui-
même avec l'alkali fixe et minéral, comme
le beau sel de Macquer le montre , pour savoir qu'il n'y a rien d'étonnant que les sels
dont nous parlons contiennent de l'arsenic.
La seule chose que nous pouvons remarquer en cette occasion , et qu'on ne savoit
pas trop encore , quoique je l'eusse fait remarquer dans mon *Traité de la dissolution des métaux*, est que l'arsenic pur étant
dissout par un acide, entre dans la combinaison d'un sel neutre, et forme ainsi des
sels sur-composés ; ce qui n'a pas peu contribué à tromper Scheele relativement à la
combinaison de son prétendu acide de l'arsenic avec les alkalis, en lui faisant croire
que ce n'étoit là que l'effet pur et simple
de cet acide.

63e. Après avoir examiné ce qui résulte
de la combinaison de l'arsenic avec l'acide
marin par la cornue, il étoit dans l'ordre
d'examiner ce qui résulteroit de l'acide vitriolique, traité de la même manière avec

l'arsenic. Je pris à cet effet les mêmes proportions de l'un et de l'autre, et ayant poussé au feu ce mélange de la même maniére, j'eus d'abord beaucoup d'esprit volatil sulfureux.

Le balon et la cornue furent remplis de vapeurs blanches fort épaisses. A ces vapeurs succédèrent des gouttes d'esprit volatil sulfureux, qui entraînoient du soufre, et la voûte de la cornue en fut tapissée peu à peu. Quand le résidu fut parfaitement sec et qu'il ne tomba plus aucune goutte du bec de la cornue, je laissai refroidir les vaisseaux. Ayant délutté, je versai de l'eau chaude dans la cornue pour délayer le résidu qui y étoit comme moulé. Je versai le tout sur un filtre ; la liqueur qui passa étoit fort claire. Il resta sur le filtre un résidu noirâtre où je distinguai à la faveur d'une loupe des petits cristaux aiguillés blancs. Ce qui me fit voir tout de suite que la matière saline qui résultoit de cette dissolution, étoit de nature peu soluble, puisque, malgré la grande quantité d'eau chaude que j'avois fait passer sur ce résidu, je n'avois pu en dissoudre tout ce qu'il y avoit de ce sel. C'est ce que la suite me montra bien évidemment, et je vis qu'en

tout cette matière saline se comportoit comme celle dont nous venons de parler ; que
l'arsenic n'étoit tenu de même en dissolution que par un excès d'acide, et que ce sel
se décomposoit de la même manière au
moyen de l'eau. A l'égard de la formation
du soufre dans cette circonstance, on ne la
trouvera point extraordinaire, si on se rap-
pelle que j'ai employé du régule d'arsenic
natif, qui, selon les principes de Stahl, a
dû fournir assez de phlogistique à l'acide
vitriolique pour le converir en soufre. Ce
que j'y pouvois trouver d'extraordinaire, c'est
que ce soufre se forma si promptement et
à un si petit degré de chaleur qu'il ne passa
presque pas le terme de l'eau bouillante ;
tandis qu'avec d'autres métaux, tels que le
fer et le cuivre, ce n'est qu'au moyen d'un
très-grand feu, et lorsque le métal est in-
candescent, que le soufre se forme : différence qui pourroit se trouver peut-être dans
la manière différente dont le principe qui
forme le soufre avec l'acide vitriolique se
trouve dans ces différens métaux. Et, en suivant toujours cette même théorie de Stahl,
on pourroit dire que c'est parce que le phlo-

gistique n'est ici uni que très-légérement avec la chaux métallique, et encore bjen moins dans d'autres semi-métaux, tel que l'antimoine; quoiqu'il soit regardé avec juste raison comme celui d'entre tous les autres semi-métaux qui abandonne le plus facilement ce principe. Selon la théorie des chymistes pneumatistes, au contraire, ce seroit parce que l'arsenic est plus avide d'oxigène, qu'il s'empare plus facilement de celui de l'acide vitriolique, et le convertit par conséquent plus promptement en soufre; son état naturel, selon les mêmes principes (1), comme un métal, n'est métal

---

(1) Selon cette théorie, on voit que l'acide vitriolique n'est que du soufre uni à l'oxigène ou base de l'air vital, et que le soufre est une matière permanente, simple et indestructible, ou du moins dont on ne connoît pas encore les principes constituans. D'après cela il seroit, ce nous semble, naturel de penser qu'on peut réduire, sans le secours d'un métal ou d'une matière phlogistique, l'acide vitriolique en soufre, en lui faisant perdre cet oxigène d'une autre manière; car, puisque, selon les chymistes pneumatistes, ce principe a tant de facilité à s'unir aux chaux métalliques, on pourroit penser

que pârce qu'il est privé d'oxigène, et n'est
réduit en chaux que parce qu'il est uni à

---

qu'elles en pourroient prendre encore, et qu'elles
n'en sont pas tellement saturées qu'elles ne pus-
sent bien en arracher une petite partie encore à
l'acide vitriolique, et le rèduire par-là d'autant en
soufre. Mais il y a plus, l'arsenic blanc, qui est une
chaux fondue dans la sublimation, et qui conséquemment n'a pu admettre avec elle que très-peu
d'oxigène, devroit produire cet effet bien plus sensiblement, et convertir en soufre la plus grande
partie de l'acide vitriolique. Il seroit également naturel de penser, d'après cette sublime théorie, que
vice versa, on peut convertir le soufre en acide vitriolique, en lui faisant recevoir de cet oxigène par
quelque procédé ; par exemple, en le mélant avec
du minium, et l'exposant au grand feu dans une
cornue, comme j'ai eu la curiosité de le faire. Mais,
malheureusement pour cette théorie, tout cela n'est
pas, et le soufre reste toujours soufre, l'acide vitrio-
que toujours acide vitriolique, tant que l'un ne
trouve pas une matiére inflammable, et l'autre un
agent assez puissant pour le décomposer. Je sais
bien qu'on se défendra par les affinités ; mais ces
affinités sont-elles donc en cette seule circonstance
tellement fixes et invariables, qu'elles n'aient aucune
exception ?

ce principe, qui lui donne la forme que ces messieurs appellent oxidée, ou, autrement dit, le commencement de l'acidification ou le passage de l'état de métal à celui de sel (1).

---

Comme c'est ici un objet très-important en chymie, et que je ne cherche qu'à m'instruire, je demanderai encore à ces nouveaux chymistes comment ce fait-il que les foies de soufre fait par l'alkali fixe et la chaux se convertissent, l'un en tartre vitriolé et l'autre en sélénite, sans le concours de cet oxigène, et cela dans des flacons fermés exactement; et pourquoi ensuite lorsqu'on débouche ces flacons, où l'on voit les sels en enduire les parois, il s'en exhale une vapeur inflammable? Pourquoi encore l'acide vitriolique, qui dissout le mercure, et qui, selon les nouveaux chymistes, le convertit en chaux, ne lui donne t-il pas lieu également de se convertir en soufre? puisque selon cette admirable théorie, le mercure n'a pu devenir chaux que par l'oxigène de l'acide vitriolique.

(1) Selon cette même théorie les chaux métalliques sont plus fixes que le métal, par rapport à cet oxigène, qui est, selon ces chymistes, le principe de la fixité, comme le principe phlogistique dans la doctrine de Stahl. Comment ce fait-il que les acides surchargés d'oxigène, tel que l'acide marin qui a distillé sur la manganèse, sont plus vo-

Par où conçoit que cet oxigène est chez les nouveaux chymistes l'agent le plus important, et plus que n'est le phlogistique chez les anciens. Il est dommage cependant que ce nouvel agent présente les mêmes difficultés ; car outre qu'il est contradictoire avec lui-même, et qu'il est, comme le phlogistique, le principe de la volatilité et de la fixité, ou du moins la cause occasionnelle de ces deux effets opposés, on voit que son action, comme principe de l'acidification, ne répond pas toujours à l'espérance que donne cette doctrine. Car, par exemple, ici nous voyons que la combinaison de l'acide vitriolique avec l'arsenic, donne, comme celle de tous les autres acides avec ce même semi-métal, un sel plus solide, plus permanent que celui que donne ce même acide avec la chaux de l'arsenic, du moins aussi solide et aussi permanent ; ce qui ne devroit pas être suivant les principes de la nouvelle

---

latils qu'ils ne seroient sans cela ? Si on ne peut pas répondre à cette difficulté, il faut avouer que cette doctrine est à cet égard sujette à la même critique que celle de Stahl.

chymie ; car, d'après sa théorie, une chaux
métallique est plus près de l'état salin,
qu'un métal parfait, et devroit être dissoute
par les acides plus facilement, puisque l'affinité des acides pour les chaux métalliques,
doit être augmentée de tout l'oxigène qui s'y
trouve, qui les a converties d'autant en sel
ou acide. Nous disons sel ou acide, car,
selon cette même théorie, il n'y a aucune
distinction entre sel et acide ; nous avons
vu que ces prétendus chymistes confondent
toujours l'un avec l'autre.

Nous avons vu déja ci-devant que c'étoit
pour savoir s'il y avoit quelque chose de
fondé dans cette prétention, qu'au lieu de
nous servir dans cette circonstance de l'arsenic blanc ou en chaux, nous nous sommes
servis de l'arsenic natif, c'est-à-dire, sous sa
forme métallique. Ce qui peut paroître encore fort singulier dans la théorie dont nous
parlons, est de voir que l'acide vitriolique,
qui, selon cette même théorie, n'est que
du soufre saturé d'oxigène, ne convertisse
pas mieux l'arsenic en acide ou en sel, que
l'acide marin, qui, de l'aveu de ces nou-

veaux chymistes, bien loin de fournir de l'oxigène aux corps qu'il dissout, comme le fait, selon les mêmes chymistes, l'acide ni-treux, leur prend, au contraire, celui qu'ils ont, comme à la manganèse, dans le minium et autres chaux métalliques. Au sur-plus, nous nous sommes convaincus en cette occasion, comme en beaucoup d'autres, que les acides se comportent avec l'arsenic, comme à l'égard de toutes les autres substances métalliques, selon leur nature propre et leurs ractères particuliers, et qu'il seroit absurde de prendre quelques-uns de leurs effets particuliers pour des preuves ou fondemens d'une théorie, comme il paroît que Scheele et les chymistes pneumatistes l'ont fait chacun de leur côté à l'égard de l'arsenic. De tout tems on a reconnu que l'arsenic possède, outre son caractère métallique, un caractère salin, et qu'il semble être, dans l'échelle des substances minérales, le passage des semi-métaux aux substances salines, et rien de plus ; et il nous paroît démontré qu'il seroit tout aussi impossible de le convertir en acide que de transformer les métaux, qu'on appelle si improprement imparfaits, en métaux parfaits comme on le croyoit encore si généralement dans le siècle passé (1).

***

(1) Comment donc pouvoir espérer d'après cela, comme l'espèrent en effet les chymistes dont nous parlons, convertir en acides les autres chaux métalliques , qui sont si éloignés du caractère de l'arsenic? S'il y a quelque chose qui puisse détromper de cette illusion, c'est surement le travail de M. le comte de Saluces sur le mercure. Ce célèbre président de l'académie de Turin ( Voyez le vol. II du renouvellement de cette l'académie ) a passé et repassé de l'acide nitreux sur la chaux de mercure ; il y a décomposé beaucoup de cet acide, et a dû par-conséquent donner beaucoup d'oxigène à cette chaux ; et cependant ce mercure est toujours resté mercure. Malgré les faits de cette nature l'absurdité de cette prétention n'en a pas moins lieu, et l'on n'en voit pas moins les adeptes de cette chymie annoncer de pareilles conversions. Il est vrai encore qu'il faut distinguer ici ceux qui tiennent pour le sentiment de Scheele, qui croient tout bonnement que tous les métaux sont composés d'acide et de phlogistique, et cela sans la moindre preuve. Ceux-ci, ne prétendent seulement que développer l'acide contenu dans chaque métal, sans cependant pouvoir expliquer ce qui y cache ce prétendu acide.

64ᵉ. Mais pour mieux m'assurer que cet oxigène ne convertit pas plus l'arsenic en

Parmi ces adeptes de Scheele, on trouve un Westrumb, un Hermestedt, chymistes allemands , qui ne prétendent pas moins qu'avoir découvert plusieurs de ces acides ; ce dernier sur-tout ( aussi prévenu en faveur de la théorie de Scheele que M. de Lametherie, qui est en France un autre très-grand appréciateur du très-grand mérite de Scheele ), a assuré en dernier lieu avoir découvert enfin l'acide de l'étain. Comme tous ces habiles gens se servent pour cela de l'acide nitreux, ils ne s'apperçoivent donc pas qu'ils entrent dans les prétentions des chymistes pneumatistes , qui, bien plus conséquents en ceci, ne prétendent que changer la base métallique en acide , au moyen de leur oxigène. Aussi ceux-ci prennent-ils en pitié ces précurseurs de leur théorie. Tel est pourtant l'esprit de ces redoutables adversaires des pneumatises, qui sont les colonnes de la bonne chymie, à ce qu'ils prétendent.

Il paroît bien démontré qu'une chaux métallique qui est convertie une fois en chaux, ne passe pas au-delà et est toujours susceptible de reprendre sa forme métallique, quoiqu'on en ait dit. Ce sont pourtant de tel faits et aussi peu vérifiés qu'on s'est empressé de consigner dans une nomenclature, qui contient bien d'autres faussetés , ainsi que nous aurons occasion de le voir.

acide

acide, que les autres métaux, et que l'apparence d'acide qu'il acquiert, en étant traité
avec l'acide nitreux est tout aussi dépen-
dante de cet acide même que de l'oxigène;
je crus devoir traiter de la même manière,
que je l'ai dit ci-devant expérience 57e., l'arsenic blanc avec l'acide marin, que les nouveaux chymistes appellent oxigèné, c'est-à-
dire, qui a été distillé sur de la manganèse.
Mais comme ces chymistes prétendent que
l'acide marin est aussi avide d'oxigène, et
que je craignois que tant que cet acide n'en
auroit pas un excès, il ne pourroit en fournir suffisamment à l'arsenic, pour le mettre
au même état que le fait l'acide nitreux,
j'eus soin d'en employer un qui avoit passé
trois fois sur la manganèse. J'étois d'autant
mieux fondé à croire que je parviendrois, par
le moyen de cet acide, à obtenir le prétendu
acide de l'arsenic, que je voyois Scheele et
les nouveaux chymistes lui attribuer presque toutes les propriétés de l'acide nitreux.
Mais il faut dire que, quoique j'eusse mis
trois fois plus de cet acide oxigèné sur l'arsenic, que je n'y avois mis d'acide marin
ordinaire, je n'en eus pourtant pas un sel

M

différent; au contraire, le peu que j'en eus fut tout aussi peu acide et aussi peu soluble dans l'eau.

65e. Alors, pensant que l'acide marin avoit retenu de cette manière tout son oxigène, quoiqu'il eut perdu complettement son odeur oxigèné, et ce caractère d'acide nitreux qu'il avoit ou qu'il sembloit avoir, ce qui est encore mieux dit, je crus devoir m'y prendre autrement, et suivre, en quelque sorte, le procédé indiqué par Scheele dans son mémoire sur l'arsenic ( Voyez le recueil de ses mémoires, tome Ie., page 135 ). Ce procédé consiste à faire recevoir à de l'arsenic blanc réduit en poudre, mis dans un balon, les vapeurs qui s'élèvent pendant la distillation de l'acide marin sur la manganèse. Je me croyois d'autant mieux assuré de réussir cette fois-ci, que Scheele dit qu'il a réussi également bien à obtenir, par son procédé, son prétendu acide arsenical; ce que les nouveaux chymistes n'ont pas manqué de prendre comme une preuve de la vérité de leur opinion. Mais je fus encore trompé dans mon espérance : l'arsenic ne fut pas même dissout dans mon balon.

66ᵉ. Alors je me résolus à suivre encore plus exactement le procédé de Scheele, pour savoir à quoi cela tenoit. J'avois lieu de croire que ce chymiste avoit employé, en même tems que l'acide marin sur la manganèse, de l'acide nitreux, quoiqu'il ne le dise pas formellement ; ce qui étoit directement contraire à mes vues, parce que je voulois savoir ce que produiroit l'oxigène seul et sans le concours de l'acide. On va se convaincre que je n'avois pas tort en effet de me méfier de ce procédé de Scheele, puisque le résultat en est bien différent, et qu'il est relatif entièment à l'effet de l'acide nitreux sur l'arsenic. Je mis donc dans une cornue, comme Scheele le dit, une partie de manganèse avec trois parties d'une eau régale faite avec une partie d'acide nitreux et deux parties d'acide marin ; et ayant mis un quart d'arsenic blanc réduit en poudre dans le balon avec un peu d'eau distillée, je procédai à la distillation comme j'avois fait précédemment. Cette fois-ci les choses furent bien différentes. L'arsenic fut sensiblement attaqué, mais il n'y eut aucune séparation dans la liqueur du balon ; autre circonstance dont Scheele fait encore mention, comme d'une chose merveilleuse. Ce chymiste assure qu'il y eut dans le sien deux liqueurs fort distinctes, et moi je ne trouvai dans le mien qu'une eau régale fort foible, qui tenoit une petite partie d'arsenic en dissolution (1), quoique les acides que j'avois employés dans mon expérience fussent très-forts.

Après avoir filtré cette liqueur pour en séparer la partie de l'arsenic qui n'étoit pas dissoute, je la mis dans une cornue de verre nette, et en fis distiller une partie de l'eau régale qui étoit excédente à la dissolution de l'arsenic; pour cela je la continuai jusqu'à siccité de la matière saline, qui me resta blanche dans le fond de la cornue. Si je m'en étois tenu à l'apparence comme Scheele, j'aurois pu comme lui regarder toute cette matière saline comme le prétendu acide arsenical, et croire par conséquent

---

(1) On ne sera point étonné de cela quand on fera attention d'abord que la plus grande partie de l'acide étoit restée combinée dans la manganèse, ainsi qu'on le verra plus loin, et que l'eau distillée que j'avois mise dans le balon, étendoit déja beaucoup cette partie montée.

que l'acide marin oxigèné avoit contribué pour sa part à sa formation. Mais averti par les deux expériences précédentes , et surtout par la dernière que cet acide marin oxigèné ne contribuoit en rien à la conversion de l'arsenic en acide arsenical, je doutai qu'il en fut autrement dans cette circonstance , et je pensai en même tems qu'il n'y avoit que la partie de l'arsenic dissoute par l'acide nitreux , qui me donneroit de ce prétendu acide arsenical : pour vérifier cela , je versai dans cette cornue suffisamment de l'eau distillée chaude , pour dissoudre ou délayer ce résidu salin ; mais au lieu de s'y dissoudre radicalement , comme il l'auroit fait, s'il l'eut été entièrement, je ne dis pas seulement l'acide arsenical, mais même un sel parfait, il blanchit comme du lait , et il s'en précipita une poudre blanche qui , ramassée sur un filtre , se trouva être de l'arsenic tel que je l'avois mis dans le balon. C'est un vrai départ qui se fait en cette occasion, par la décomposition de la partie de la dissolution qui avoit été faite de l'arsenic par l'acide marin ; tandis que celle faite par l'acide nitreux étoit restée entière et parfaite ;

c'est ce que je vérifiai aussitôt , en mettant dans une cornue la liqueur qui avoit filtrée , et en la poussant de nouveau à la distillation. Il passa dans le balon la partie de l'acide marin qui étoit devenue libre par la précipitation de l'arsenic ; et, ce qu'il y a de singulier, c'est que cet acide marin étoit dans son état ordinaire. La partie qui resta fixe dans la cornue, étoit véritablement ce prétendu acide arsenical, dû à l'union de l'acide nitreux à l'arsenic, car il en avoit toutes les propriétés, et ne différoit nullement de celui qui est fait directement avec l'acide nitreux.

## De l'acide marin oxigèné et de la manganèse.

Les dernières expériences, dont je viens de parler dans l'article précédent, m'ont amené naturellement à parler de cet acide et de la matière qui le fournit. Quoique Scheele ait fait à ce sujet un aussi grand travail que sur le spath et l'arsenic, et que les nouveaux théoriciens en chymie s'en soient beaucoup occupés après lui ; il m'a semblé néanmoins qu'il y avoit encore beaucoup de choses à dire à cet égard. Il m'a paru même que ces nouveaux chymistes, plus occupés de l'espèce de phénomène que présente la distillation de l'acide marin sur la manganèse, parce qu'il les fortifioit dans leur opinion touchant les propriétés de leur oxigène; il m'a paru, dis-je, qu'ils avoient négligé absolument de connoître la nature de la manganèse, ses parties constituantes et la véritable cause de l'état de l'acide marin après sa distillation sur cette matière minérale. Nous avons vu, d'ailleurs, que tandis que Scheele croyoit décomposer en partie son acide marin en le distillant sur la manganèse, et qu'il pensoit lui enlever par-là son phlogistique, dont il supposoit la manganèse très-avide; les chymistes pneumatistes, au contraire, croyoient lui sur-ajouter leur oxigène qu'ils croyoient être fort abondant dans cette matière. Mais nous allons voir que ni Scheele, ni les nouveaux chymistes, n'ont bien vu en tout ceci; que se montrant comme incapables de bien analyser leur sujet, ils s'en sont tenus aux apparences seulement, parce qu'elles les fortifioient dans leurs préjugés. Il faut pour-

tant observer qu'en s'en tenant ainsi aux apparences, les idées de Scheele devoient paroître bien plus conformes au résultat de
cette distillation que celles des pneumatistes ; car Scheele remarque que son acide marin, distillé sur la manganèse, étoit fort affoibli, et qu'il avoit acquis quelques propriétés de l'acide nitreux ; or, il étoit naturel à lui de penser que ce qui manquoit à
son acide étoit le phlogistique, qui, retenu
par la manganèse, l'avoit laissé monter privé
d'un de ses principes, qui, suivant les préjugés encore de ce chymiste, faisoit toute sa
force comme celle de tous les autres acides.
Les pneumatistes, au contraire, en disant
que leur acide distillé sur la manganèse,
étoit l'acide marin lui-même, mais plus l'oxigène que cet acide avoit pris dans la manganèse , prouvoient qu'ils n'avoient pas
même examiné le produit de leur distillation ; car ils auroient vu que bien loin que
leur acide fut augmenté, il étoit, au contraire, fort diminué et fort affoibli. En totalité on voit que ni les uns ni les autres n'ont
bien connu les véritables effets que produit l'acide marin sur la manganèse ; et il

nous semble que c'étoit par-là qu'il falloit commencer, et qu'avant de rien décider, il falloit s'assurer de la vérité, ou du moins la chercher par les moyens convenables, c'est-à-dire, par l'analyse : et c'est aussi ce que nous allons faire ; mais s'il y avoit quelque différence à remarquer dans les phénomènes que présentent les manganèses, il est bon de spécifier celles dont je me suis servi. J'en ai employé de deux sortes, l'une d'un brun sombre tirant sur le violet, semblable à celle de Piémont, l'autre cristallisée parfaitement en octaèdres irréguliers, d'un brillant métallique, couleur du minerai de fer de l'île d'Elbe ou de Framont (1).

67e. Je pris une once de chacune de ces espèces de manganèses; les ayant introduites chacune en particulier dans une cornue, je versai sur chacune deux onces de bon acide marin. Ayant ajusté à chacune de ces cor-

-------

(1) C'est l'espèce de manganèse découverte depuis peu entre Tholay et Castel dans la Lorraine allemande, la plus pure et la plus belle qu'on ait connue jusqu'ici, et dont il est parlé dans la première partie de l'*Atlas minéralogique*, p. 165 et 166.

nues un balon proportionné à leur grandeur,
je les fis chauffer au bain de sable. L'effervescence ne fut presque pas sensible sur la
seconde espèce. ; l'autre parut plus attaquée;
il se forma dessus une écume noirâtre, mais
celle-ci ne fut guère plus dissoute que l'autre, bien loin de l'être totalement comme
le fait entendre Scheele (1). L'acide marin
monta de l'une et de l'autre à peu près également bien oxigèné, colorant le lut en jaune
comme l'acide nitreux ; et, ce que je n'avois
pas encore remarqué, ni même lû ou entendu dire, c'est qu'il monta en même tems de
l'une et de l'autre, et passa dans le balon,
une poussière noire, tant que la distillation
dura. Cette poussière m'obligea à filtrer ces
liqueurs acides par le papier gris, afin de

---

(1) En effet, Scheele parle de la dissolution complette des manganèses comme d'une chose qui ne
souffre pas de difficulté. On ne peut s'empêcher
de témoigner de la surprise, en voyant les choses
si différentes ; on peut assimiler cet exposé à tant
d'autres où la vérité ne se trouve pas plus ; et on
est fâché de le dire quand on examine les mémoires
de Scheele, avec l'expérience pour guide, on voit
par-tout la même inexactitude.

les avoir parfaitement claires et pures ; ce
qui diminua un peu de leur force ; mais
cela me fit voir que cet oxigène ne tenoit
que très-peu à cet acide, et qu'il n'y avoit
point de combinaison réelle entre l'un et
l'autre. Ce que je confirmai en laissant
exposé librement à l'air une petite portion
de cet acide foible sur une capsule de verre,
où elle ne se trouva plus après vingt-quatre
heures qu'un acide marin ordinaire étendu
dans beaucoup d'eau.

Le résidu de la première manganèse se
trouva blanc sur quelques parties de sa surface où l'on distinguoit aisément des cristaux aiguillés. Le résidu de la seconde man-
ganése étoit encore fort noir, et ne montroit rien de salin ou de cristallisé.

68e. Je remis la même quantité d'acide
marin sur ces résidus ; et je remarquai cette
fois-ci que l'effervescence étoit beaucoup plus
sensible que la première fois, principalement
sur la première espèce de manganèse. Ce qui
m'étonna, car, selon les principes des nouveaux théoriciens en chymie, l'oxigène devoit avoir été emporté la première fois, sur-
tout de la première espèce de manganèse,

par l'acide marin ; et l'effervescence excitée sur la manganèse par cet acide, n'étant due, selon ces mêmes chymistes, qu'au dégagement de cet oxigène et à sa combinaison avec cet acide, je ne comprenois pas trop d'abord d'où pouvoit provenir cette effervescence si considérable ; je conclus alors, en attendant la preuve, que si l'acide marin avoit réellement emporté quelque chose de la manganèse, il y avoit laissé aussi quelque chose de lui. Ce qui est encore remarquable, c'est qu'après cette seconde distillation, cet acide se trouva aussi oxigèné que le premier. Et comment, me disois-je, cela peut-il être, si l'acide marin n'acquiert, en cette circonstance purement et simplement que l'oxigène de la manganèse ? car il me paroissoit évident que cette seconde fois la manganèse n'avoit pu fournir à l'acide marin autant d'oxigène que la première fois. C'est ainsi que tout ce qui appuie la nouvelle théorie des chymistes pneumatistes est sujet à nouvel examen.

69$^e$. J'acquis une nouvelle preuve de cette vérité, savoir, que la manganèse étoit devenue plus effervescente qu'elle n'est naturel-

lement, en repassant pour la troisième fois
la même quantité d'acide marin sur mes résidus ; car il s'en éleva un acide oxigéné
aussi fort que la première et la seconde fois ;
et, ce qu'il y eut de remarquable, c'est que
la deuxième espèce de manganèse, qui n'a-
voit presque pas montré d'effervescence la
première fois, et très-peu la seconde, se
montra effervescente cette troisième fois
autant que l'autre, et même avant d'avoir
éprouvé la chaleur du bain de sable. Il s'é-
leva de l'une et de l'autre des vapeurs jaunes
qui remplirent le balon. La distillation fut
amenée de même jusqu'à siccité, et ces résidus me parurent augmentés considérablement de volume. Je les trouvai en effet augmentés presque dans la même proportion ,
que les doses d'acide marin que j'avois em-
ployées étoient diminuées. Cela contrarie
encore beaucoup le principe des chymistes
pneumatistes ; puisque, selon leur théorie,
l'acide marin, bien loin de diminuer en
distilant sur la manganèse, devoit être augmentée de tout l'oxigène de cette matière.
Et, ce qu'il y a encore de surprenant, c'est
que cet acide, pendant ces trois distillations,

n'est jamais monté purement et simplement avec son caractère oxigèné , sur-tout celui de la première distillation. L'alkali fixe versé, sur celui-là, y a produit un précipité blanc assez abondant. En attendant que nous voyons ce que c'est que cette terre qui se précipite ici , je demanderai à ces préten-dus nouveaux chymistes, comment une chose si simple et si facile à voir a pu étre ignorée d'eux , s'ils ont cherché la vérité de bonne foi ? Ils n'auroient pas , je crois , conclu aussi facilement qu'ils l'ont fait , que les effets qu'on voyoit produire à cet acide ainsi manganèsé n'étoient dû pure-ment et simplement qu'à l'oxigène qu'il a pris à cette substance ; car il auroit fallu sa-voir auparavant si la matière qui se trouve de plus dans cet acide, ne contribue pas pour sa part aux effets qu'on lui voit pro-duire. Par exemple , on auroit pu voir en cela une autre raison pourquoi cet acide est si foible , puisqu'on auroit vu que cette terre en sature une partie.

70e. Ayant obtenu, de la manière que je viens de le dire , une petite quantité de ce précipité blanchâtre , en sacrifiant pour cela une grande partie de mon acide marin manganèsé ou oxigèné, je reconnus que ce précipité se redissolvoit dans tous les acides, et que dissout par l'acide vitriolique, il donnoit une sorte de sel qui ressembloit parfaitement au sel d'Epsom, tant par le goût que par la configuration ; mais j'en eus en trop petite quantité pour rien décider en ce moment sur sa nature.

Je m'apperçus seulement, bien décidément, que ce sel étoit en même tems un peu vitriolique ; car ayant versé sur sa dissolution une goutte de la liqueur saturée du bleu de Prusse, j'en eus un très-petit précipité bleu. Alors je pris une certaine quantité de mon acide marin oxigèné, et ayant versé dessus de cette même liqueur, j'en obtins un précipité bleu bien plus sensible. Ce même précipité fut redissout en grande partie par un acide, ce qui n'auroit pas dû être s'il n'eut été produit purement et simplement que par le fer. Je conclus que la terre blanchâtre avoit été précipitée en même tems, ce qui ne me surprit pas, car j'avois vu dans d'autres occasions, malgré ce que Scheele m'avoit contesté, que lorsqu'une

terre non métallique est jointe intimément
avec le fer ou un autre métal, elle se précipite
avec lui, au moins en grande partie, par la
liqueur saturée du bleu de Prusse. C'est une
vérité, au surplus, que j'ai démontrée incontestable au sujet de la terre du spath vitreux que nous avons vu se précipiter ainsi.

71°. Je lavai un de ces résidus, celui qui
provenoit de la seconde espèce avec de l'eau
distillée ; ayant jeté le tout sur un filtre, la
liqueur qui passa avoit une petite couleur rose
tout à fait agréable à l'œil. Pott est le premier
chymiste qui ait parlé positivement de la couleur que donne la manganèse à ses dissolvans.
On sait que cette matière, traitée avec le nitre
dans un creuset, donne, à la lessive qu'on en
fait, une belle couleur violette; et cet auteur
croit que le nitre y contribue pour quelque
chose, tandis que ce sel alkalisé en grande partie par cette opération, ne laisse d'uni véritablement avec la manganèse que son sel alkali.

Cette liqueur saline, quoique parfaitement neutre, avoit un petit goût acerbe. La
liqueur du bleu de Prusse saturée, versé
dedans, y occasionnoit un précipité rose
et abondant, mais qui devenoit bleu peu à

peu

peu par l'addition de quelques gouttes d'a-
cide, qui dissolvoient la terre non métallique, et laissoit paroître le précipité du fer
en bleu. C'est de la lessive d'un pareil résidu que Scheele dit qu'en y mettant de l'a-
cide vitriolique, on obtient un précipité qui
provient de la terre calcaire, et de la terre
du spath ou barotique en même tems, c'est-
à-dire, de la sélénite et du spath ensemble.
Pour moi, après y avoir versé de l'acide
vitriolique jusqu'à ce qu'elle fut un peu aci-
dulée, je n'eus aucun précipité; et ayant fait
évaporer cette liqueur au bain de sable dans
une capsule de verre, j'y trouvai le lendemain une abondante cristallisation de sel,
d'Epsom, mais uni à une quantité assez
remarquable de vitriol de fer ; car ce sel
dissout dans l'eau distillée, noircissoit fortement avec la noix de galle, et avoit, d'ailleurs, outre le goût fort amer du sel d'Epsom, le goût stiptique du vitriol. On ne sera
point étonné de cette union quand on se res-
souviendra que j'ai démontré dans un petit
mémoire inséré dans mon *Traité des eaux
minérales*, cette propriété de ces deux sels,
ainsi que d'autres unions de cette espèce ;

N

d'où il résulte des sels véritablement sur-
composés (1) ; ce qui fait que la liqueur saturée du bleu de Prusse, ne peut pas tellement bien décomposer le vitriol qui leur
est uni et en précipiter le fer en bleu de
Prusse, sans précipiter en même tems une
grande partie des terres qui constituent les
sels qui lui son unis.

Maintenant, que nous voyons une grande
quantité de l'acide marin employée, et le plus
fort, parce qu'il est le plus concentré, resté dans le résidu de la manganèse avec la
terre du sel d'Epsom, il n'est plus étonnant
que la partie de cet acide qui monte dans
la distillation , nommé par les chymistes
pneumatistes acide marin oxigéné , soit si
foible; autrement il n'étoit pas concevable
qu'un principe qui , suivant la théorie de
ces prétendus chymistes, constitue la force
des acides , ou bien les forme, fut juste-

<hr>

(1) M. Leblanc a fort étendu cette classe de
sels sur-composés dans une excellente dissertation
lue à l'académie royale des sciences de Paris , et
insérée dans le *Journal de Physique*, tome XXVIII,
année 1786 , page 341.

ment ce qui affoiblit celui-ci. Mais on voit évidemment maintenant que cette portion de l'acide monté doit être affoiblie de toute la partie aqueuse de la partie d'acide qui est restée combinée et concentrée dans la manganèse, outre ce qui en a été dit expérience 69e.

72e. Après avoir vu clairement, par l'expérience précédente, que la plus grande partie de la terre de ma manganèse, n'étoit autre chose que la terre magnésienne ou base du sel d'Epsom ; je versai dans la plus grande partie de ma lessive qui me restoit autant d'alkali fixe déliquescent, qu'il s'y précipita quelques chose. Après cela je jetai le tout sur un filtre, et j'y passai à plusieurs reprises de l'eau chaude pour bien l'édulcorer. Ce précipité ayant été bien desséché, il pesa 4 gros et demi, ce qui me parut prodigieux pour la quantité de manganèse employée ; sur-tout quand je fis attention que je m'étois servi pour l'expérience précédente d'un quart à peu près de ma liqueur saline. Dès lors, je regardai ma manganèse comme le minéral le plus riche que je connusse en cette espèce de terre.

73e. Pour m'assurer encore plus que ce précipité, qui en se desséchant étoit devenu jaunâtre et ocreux, étoit véritablement dû à la terre du sel d'Epsom, et à la terre du fer mêlé ensemble, je le divisai en deux parties égales. Sur l'une je versai jusqu'au point de saturation de l'acide vitriolique, à chaque fois que j'y versai de l'acide ; il s'y produisit une effervescence très-vive, quoique j'eusse employé, pour précipiter cette terre, un alkali presque privé d'air acide. Je filtrai cette liqueur qui passa claire, mais elle étoit vitriolique, car elle noircissoit avec la noix de galle, et donnoit un précipité bleu avec la liqueur du bleu de Prusse, au moyen de quelques gouttes d'acide, qui, comme je l'ai dit, rédissolvoient la terre qui l'empêchoit de paroître. Cette liqueur évaporée me donna un beau sel d'Epsom, quoique sensiblement vitriolique, même au goût.

74e. Je fis calciner légèrement dans un creuset bien propre l'autre partie de cette terre ; elle y devint de la couleur de café brûlé, preuve de la grande quantité de fer qu'elle contenoit. En cet état cette terre ne faisoit plus d'effervescence avec les acides :

je ne pus même en dissoudre qu'une petite quantité dans l'acide vitriolique ; il en resta sur le filtre la moitié à peu près, qui, malgré l'action de la chaleur, résista à l'action de tous les acides. Malgré la couleur foncée de ce résidu, je ne pus croire qu'il fut dû entièrement à la chaux de fer, qui par la calcination, étoit devenue insoluble dans les acides. Je fus porté à croire qu'il y avoit encore une portion même de la terre du sel d'Epsom, qui étoit aussi devenue insoluble dans cette calcination ; ce que je croyois avoir déja remarqué dans d'autres occasions, où il m'avoit parut que la chaux de fer, mélée avec cette terre très-intimement, l'avoit privée de cette propriété, en lui donnant une disposition à se fondre, et lui donnant un caractère de frite, malgré le grand ménagement de feu que j'avois observé dans cette sorte d'opération. Cela me paroissoit si invraisemblable que je voulus répéter cette expérience pour m'en assurer. Je pris en conséquence une autre portion d'une autre terre, et l'ayant calcinée à différens degrés, je vis qu'elle devenoit insoluble à mesure que ces degrés augmentoient. Cet essai m'in-

N 3

téressoit d'autant plus, que je croyois par-
là entrevoir la cause du peu d'action qu'ont
d'abord les acides sur la manganèse, que je
n'envisageois plus dès-lors que comme un
composé de chaux de fer et de terre de mag-
nésie. Nous avons vu que sa dissolution
n'augmente qu'à mesure que l'acide agit
dessus, et change son état ou sa manière
d'être, car nous avons remarqué qu'elle devient effervescente à proportion de la quantité d'acide marin qu'on passe dessus.

Quoiqu'il en soit, je dois faire observer
que le sel d'Epsom que j'obtins de cette seconde dissolution de ma terre, fut fort beau,
mais qu'il étoit encore ferrugineux. Cela fait
voir combien la terre magnésienne et celle
du fer ont de l'affinité ensemble, puisqu'elles
ne s'auroient se dissoudre l'une sans l'autre;
et cela fait voir en même tems combien il
est difficile d'avoir du sel d'Epsom entièrement privé de fer, et la raison pourquoi celui qu'on tire des chîtes, en contient toujours un peu, quelque précaution que l'on
prenne pour l'en dépouiller, puisque ces matières contiennent toujours plus ou moins de
fer.

Je devois trouver dans le premier résidu resté sur le filtre, le surplus du poids qu'il falloit pour égaler la quantité de manganèse que j'avois employée. Mais je fus bien étonné de trouver que, malgré l'extrême dessication à laquelle je l'avois porté, il pesoit encore plus qu'il ne falloit pour cela : il pesoit 24 grains de plus, et je ne pouvois attribuer cette augmentation de poids, qu'à une portion de l'acide marin qui y étoit encore engagé, ou à l'air qu'il y avoit introduit. La première chose n'étoit pas vraisemblable après les lavages réitérés que j'avois faits de ce résidu. Cette augmentation de poids ne pouvoit donc être due qu'à cet air ou à un autre qui y avoit été engagé par l'acide marin ; quel est-il cet air et d'où venoit-il? C'est-là l'objet d'un travail particulier auquel je ne pouvois me livrer dans ce moment pour ne pas interrompre la marche de l'examen de la manganèse. Mais si j'osois donner une conjecture à la place d'une démonstration, ce seroit de dire que l'acide marin avoit déposé dans la manganèse, une portion de son air fixe, qui, je crois, entre dans la composition de tous les acides, malgré

N 4

tout ce que les chymistes pneumatistes ont publié de contraire à cela. Au surplus toutes les terres non-effervescentes le deviennent à force de passer dessus des acides, et Scheele en avoit déja fait la remarque au sujet de la manganèse.

75ᵉ. C'est aussi dans ce résidu que je devois trouver les autres parties de la manganèse. Il étoit fort noir, et, en ne consultant que cette couleur, j'avois lieu de croire qu'il contenoit bien plus de fer que la terre que j'en avois séparée ; mais vu aussi la difficulté que les acides a voient d'arracher la terre magnésienne de la manganèse, j'avois lieu de croire également qu'il contenoit encore beaucoup de cette même terre. D'après cette manière de penser, je mis tout ce résidu dans un matras, et versai dessus trois doigts de hauteur d'acide nitreux ordinaire, et l'ayant fait chauffer jusqu'à ébullition pendant six heures de tems, j'en obtins une liqueur d'un jaune verdâtre, sur laquelle la liqueur saturée du bleu de Prusse produisit sur-le-champ un précipité bleu très-abondant. Ayant versé sur tout ce qui me restoit de cette dissolution très-acide encore, de

l'alkali fixe jusqu'au point de saturation,
j'obtins un précipité brun très-abondant.
L'ayant fait chauffer, je l'attaquai avec de l'a-
cide vitriolique, qui le dissolvit presque entièrement, et qui me donna du sel d'Epsom,
mais qui étoit si martial ou uni à tant de
vitriol de fer, qu'il en étoit verdâtre, et d'un
goût martial insupportable, joint à l'amertume propre au sel d'Epsom. C'étoit-là le
sel sur-composé, dont j'ai parlé dans mon
*Traité des eaux minérales*, que l'on fait si
facilement en unissant ensemble une partie
de vitriol de mars et deux de sel d'Epsom ;
ce que M. Leblanc a si bien vérifié ensuite
dans l'excellente dissertation dont nous avons
parlé en note, page 194.

76e. Comme j'avois lieu de croire que, par
cette expérience, j'avois rapproché d'avantage dans ce résidu les parties métalliques
d'elles-mêmes, en leur arrachant encore une
partie de la terre magnésienne ; je crus qu'il
me seroit bien plus facile de les reconnoître.
En conséquence je mélai ce résidu avec quatre parties de flux noir, et trois parties de
flux blanc, et ayant mis ce mélange dans
un creuset, je le poussai au feu de ma forge,

jusqu'à parfaite fusion. Ayant cassé le creuset après le refroidissement , je n'y trouvai point de régule, mais une scorie noirâtre vitreuse , et telle que les donnent les chaux de fer. Ce qui me prouva que les parties martiales étoient encore beaucoup trop étendues dans ce résidu par la terre du sel d'Epsom ou autre. Tel est l'effet que produisent dans la fonte en grand les minerais de fer trop pauvres , où donc les parties métalliques sont trop écartées les unes des autres. On sait d'ailleurs que pour déterminer la chaux de fer à entrer en fusion , il ne faut pas trop de sel alkali qui , étant privé d'air acide, se joint à cette chaux, la retient et l'empêche des se rétablir en métal malgré la présence de la matière inflammable. Ce qui pourtant ne devroit pas être, selon la théorie pneumatique ; puisque, selon cette théorie, l'oxigène, dont la présence dans les métaux les fait chaux , ou oxides, selon l'expression de messieurs les pneumatistes, devroit en être enlevé en cette circonstance. Mais on sait que pour cette métallisation il faut un flux plus permanent plus solide, si je puis m'exprimer ainsi , tel que celui qu'on com

pose avec le verre, le borax et la poudre
de charbon. Il est vrai, lorsque la chaux de
fer est en si petite quantité, et qu'elle est
unie en même-tems à une terre qui lui donne de la disposition à entrer en fusion comme elle, on n'a point encore de régule de
fer, quoique la fusion de la matière ait été
parfaite. Mais je n'en étois pas moins assuré par-là que la partie métallique, qui
est dans la manganèse, étoit purement et
simplement de la chaux de fer, et qu'en
totalité cette matière, sur laquelle tant de
chymistes supperficiels ont tant écrit et débité si peu peu de vérités, n'est qu'une union
de cette chaux de fer avec la terre magnésienne. En considérant la petite quantité de
cette chaux, eu égard à la terre magnésienne, on peut voir tout de suite si cette matière mérite d'être mise au rang des mines
ou minerais, et si elle ne mérite pas mieux
d'en être exclue, et d'être mise dans le rang
des pierres comme l'avoit fait Cronstedt, et
comme je l'ai fait d'après lui dans mon *Essai
de minéralogie*.

En examinant le résidu de la première
espèce de manganèse, nous avons trouvé de

nouvelles preuves de tout ce que nous venons de dire, quoiqu'elle fut en apparence d'une qualité fort différente. La conformité des résultats avec ceux que je viens d'avoir me dispense d'entrer dans un grand détail à cet égard. Nous nous bornerons à ce que nous y avons vu et observé de particulier. Ce résidu m'a fourni cinq gros de terre magnésienne, et la partie de ce résidu qui est resté sur le filtre, après avoir été bien lavé et séché a pesé trois gros et demi, ce qui faisoit un gros de plus pour la totalité de ma matière. Cette terre très-effervescente aussi, étoit bien moins blanche que l'autre, parce qu'elle étoit unie à beaucoup plus de chaux de fer.

Comme j'attribuai cette augmentation de poids à l'air acide qui étoit resté combiné, tant dans la terre que dans le résidu, quoique j'eusse employé un alkali presque caustique, je fis calciner l'un et l'autre pour savoir de combien il diminueroit de poids, et je trouvai en effet qu'il y avoit une diminution sur le tout de plus d'un gros, mais je ne saurois dire si dans cette perte il n'y avoit pas aussi une partie d'eau, malgré la dessication à laquelle j'avois porté l'un et l'autre.

La terre magnésienne étoit devenue encore plus foncée que l'autre, et je n'en pus dissoudre que fort peu dans l'acide vitriolique. Cette dissolution, restée très-acide filtrée, avoit aussi, comme la dissolution de la manganèse pure, une petite couleur rose.

77ᵉ. Pour voir jusqu'à quel point, le fer qui la coloroit ainsi, étoit uni encore, et voir en même tems si cette terre devenoit elle-même insoluble à mesure qu'elle étoit calcinée ; je précipitai cette terre de nouveau par de l'alkali fixe bien pur, et l'ayant bien édulcoré, je la fis calciner une seconde fois ; mais je trouvai qu'elle étoit encore devenue noire, et qu'elle avoit perdu aussi de sa propriété de se dissoudre dans les acides.

78ᵉ. Le résidu calciné, ainsi qu'il a été dit ci-dessus, étoit extrêmement noir et attirable à l'aimant ; ce qui me fit voir qu'il étoit plus dépouillé de sa terre de sel d'Epsom que l'autre. Ce qui pouvoit venir de ce que l'union entre cette terre et la terre du fer étoit moins forte dans cette terre de manganèse que dans l'autre. Comme la calcination devoit avoir rendu la portion de la terre magnésienne, qui pouvoit être encore dans ce résidu, indissoluble, je ne crus pas devoir le faire bouillir avec de l'eau forte comme l'autre, mais j'imaginai de le mettre dans une cornue, et de verser dessus de l'huile de vitriol suffisamment pour le mettre en pâte molle. Ayant ajusté un balon à cette cornue, étant placée au bain de sable, je poussai le feu aussi fort que je le pus. Il monta des vapeurs d'esprit volatil sulfureux ; et, ce qu'il y a de singulier, il distilla quelques gouttes d'acide qui étoient colorées en un rose clair. Je trouvai que c'étoit un acide de vitriol passablement fort. Scheele, qui a distillé de l'acide vitriolique avec de la manganèse, donne à entendre qu'il n'observa rien de pareil. Cela est d'autant plus étonnant qu'il est peu d'huile de vitriol, quelque pur qu'il soit, qui, poussé à la distillation, ne donne de lui-même quelque peu d'esprit sulfureux, à cause des matières phlogistiques qui lui sont toujours unies en plus ou moins grande quantité. Je ne devois donc nullement m'étonner de cette circonstance. Il est bien vrai que dans les

principes des chymistes pneumatistes , cela
ne devoit pas être ; ce qui pourtant n'a pas
empéché ces chymistes de se servir de cette
expérience pour appuyer leur doctrine. Selon ces principes mon résidu de manganèse
devoit être dépouillé entièrement de son oxigène, non-seulement parce que plusieurs
doses d'acide marin , qui avoient distillé
dessus , devoient le lui avoir enlevé complettement , mais même parce que ce résidu
avoit été rapproché de l'état métallique par
la calcination , et qu'il devoit être avide d'oxigène , ou comme manganèse dépouillée de
ce principe , ou comme métal redevenu chaux
en se dissolvant dans cet acide. Car il faut
se rappeler que , selon cette théorie , l'acide
vitriolique n'est que du soufre uni à de l'oxigène ; ce qui fait que chaque fois que cet
acide dissout un métal , en y laissant ce principe , il doit se convertir en soufre , son
état naturel ; tandis que , selon la théorie de
Stahl , au contraire , c'est parce que l'acide
s'empare du phlogistique , ou le dégage du
métal ; et que , selon cette même doctrine ,
l'acide sulfureux est le premier degré du
changement de l'acide vitriolique en soufre ;

comme les nouveaux chymistes pensent que cet esprit est le commencement de la conversion du soufre en acide vitriolique, quoique cette prétention doive choquer également le bon sens, qui fait voir que ce qui est fort volatil une fois, ne peut pas cesser de l'être par l'addition du même principe, qui donne cette volatilité; et l'on sait pourtant quelle énorme différence il y a à cet égard entre l'acide vitriolique et l'esprit volatil sulfureux (1).

Selon cette même nouvelle théorie, le peu d'acide vitriolique que j'avois employé dans

------

(1) C'est en cela que les deux doctrines se ressemblent, et qu'elles paroissent contradictoires avec elles-mêmes; car on y voit que ce qui fait d'abord la cause de la grande volatilité devient ensuit la cause de la fixité, c'est-à-dire, lorsque le principe de cette volatilité est rassemblé en une plus grande quantité. Mais lorsqu'on y fait attention, on voit ensuite que la nouvelle doctrine est bien plus en contradiction avec elle-même, puisque le soufre devenu acide vitriolique par l'addition de l'oxigène, bien loin d'être devenue plus volatile, est devenue, au contraire, plus fixe que le soufre.

cette

cette expérience auroit dû être converti totalement en soufre, ce qui me donna lieu de faire attention à une expérience de Scheele, qui est justement l'opposée de celle-ci ; car ayant mêlé du soufre avec de la manganèse dans son état naturel, il prétend en avoir obtenu de l'esprit volatil sulfureux ; autre fait dont les nouveaux chymistes n'ont pas manqué de s'emparer pour appuyer encore leur théorie.

79e. Pour être à portée de comparer le résultat de ces deux opérations, et voir, en un mot, ce qui en est, je mêlai tout de suite trois gros de soufre avec neuf gros de manganèse réduite en poudre très-fine. Ayant introduit ce mélange dans une cornue, je le fis chauffer au bain de sable de la même manière que je viens de dire. Pendant l'opération je sentis en effet légèrement de l'esprit volatil sulfureux, et après je trouvai l'eau que j'avois mise dans mon balon un peu acide ; il me sembloit néanmoins que tout mon soufre étoit sublimé au col de la cornue, tandis que dans les principes des chymistes pneumatistes tout mon soufre devoit avoir été converti en acide vitriolique ; car neuf gros de manganèse devoient être plus que suffisant pour fournir à ce soufre tout l'oxigène qu'il lui falloit pour cela. Mais que conclure au sujet de la formation de l'esprit volatil sulfureux dans cette occasion, sinon que, comme dans tous les cas où le soufre est divisé et poussé à un feu fort, étant uni à quelque matière minérale et sur-tout phlogistiquée, il se décompose du moins en partie, et que c'est-là ce qui donne lieu à la formation de cet esprit volatil sulfureux. Voilà comment, avec un esprit prévenu, les prétendus chymistes dont nous parlons se flattent d'établir solidement leur théorie.

80e. Mais pour ne pas faire ici une simple allégation, qu'on pourroit me nier, je pris aussitôt de la limaille de fer neuve que je mélai avec du soufre, et de l'œtiops de mercure que je venois de faire ; et d'un autre côté je mélai ensemble du soufre avec du mercure doux dans les mêmes proportions, c'est-à-dire, un tiers de soufre contre deux tiers de cette matière : je mis tous ces mélanges en particulier dans autant de matras, que j'enfonçai au bain de sable. Je les chauffai

comme je viens de le dire ; je sentis de tous
pareillement des vapeurs d'esprit volatil sulfureux, et je trouvai le soufre sublimé au
col de ces vaisseaux , excepté de celui où
étoit l'œtiops. Qui ne sait pas d'ailleurs
que tous les minerais où entre le soufre,
comme ceux des pyrites ferrugineuses et
de cuivre, lorsqu'on les calcine ou qu'on les
fond pour en obtenir le soufre, donnent tant
d'esprit volatil sulfureux qu'on ne sauroit
tenir auprès ? Où est donc l'oxigène dans
tous ces cas ? Dans l'air dira-t-on : il en
est attiré par le feu. Mais si on ne pouvoit
pas assurer que dans des vaisseaux bien clos
le même effet a lieu également, on pourroit nier cette conséquence, en prouvant que
dans ce cas même le soufre n'est changé en
acide vitriolique, que dans la suite et par
cette opération lente qu'on nomme la vitriolisation, qui est une espéce de fermentation ,
où, selon les principes de Stahl, le phlogistique se dissipe en s'enflammant, et l'acide
devenu libre par-là , dissout le métal. N'est-il
donc pas probable que les choses se passent
plutôt ainsi , que comme l'expliquent les
chymistes pneumatistes ? Au reste , que les

choses soient de la sorte ou autrement, toujours est-il certain que l'oxigène ne convertit pas plus le soufre en acide vitriolique, que l'acide vitriolique n'est converti en soufre par la soustration de cet oxigène. Il est fâcheux pour cette nouvelle théorie, que les faits dont elle s'appuie soient si peu concluans ou s'accordent si mal avec cette théorie brillante ; et nous allons voir que ce n'est pas en cela seulement.

Je reviens maintenant à mon premier résidu, que je lavai avec de l'eau chaude, laquelle en sortit très-acide. Ayant jeté le tout sur un filtre, il passa une liqueur qui avoit encore une petite couleur rose. Cette nouvelle apparition de la couleur rose, ne me surprit pas ; puisque la rapportant toujours à l'union de la terre magnésienne avec la chaux de fer, je voyois par-là qu'il y avoit encore dans mon résidu assez de cette terre pour cela, et que l'acide, en la dissolvant, avoit dissout aussi, dans la même proportion que les autres fois, de cette chaux de fer ; mais je croyois n'en avoir pas moins bien cette fois-ci dépouillé cette chaux métallique de cette terre, et l'avoir rapprochée

sinon totalement d'elle-même, du moins beaucoup ; et l'avoir mise par conséquent dans un
état à pouvoir paroître ce qu'elle est réellement. Cette terre, restée sur le filtre toujours
noirâtre, après avoir été bien lavée et séchée,
pesoit juste deux gros. J'aurois bien pu la sou-
mettre encore à la même opération pour la
dépouiller de nouveau d'une autre portion de
terre magnésienne ; mais, comme je voyois
qu'il se dissolvoit à proportion de la terre du
fer, je m'apperçus qu'en dépouillant mon résidu de la terre magnésienne, je le diminuois
aussi à proportion de la terre même du
fer, et que je ne serois pas plus avancé,
pour en savoir au juste la quantité. Je vis
aussi que je ne le serois pas plus en la fondant, soit que je la réduisisse en régule ou
en scorie ; car, dans le premier cas, il est
certain qu'il y a toujours une portion de la
terre du fer qui reste dans les scories. Il me
restoit encore un autre moyen, dont je m'é-
tois servi quelquefois avec avantage pour
reconnoître la quantité juste de fer contenue dans de certains mélanges ; c'étoit de
faire griller mon résidu après l'avoir im-

bibé d'huile d'olive , par où devenant entièrement attirable à l'aimant, j'aurois pu l'enlever ensuite de cette manière ; mais j'avois
déja reconnu ci-devant que la terre magnésienne, étant unie intimement avec la chaux
de fer, elle étoit emportée en même-tems
par l'aimant. Ainsi, il falloit me contenter
de l'à peu près, si souvent employé dans
l'analyse des minéraux, quoiqu'en disent
certains chymistes tel que Bergman, qui
font parade des calculs mathématiques pour
faire voir leur extréme exactitude à cet
égard (1) Nous nous bornerons donc à dire

———————————————————

(1) C'est vraiment une manie ou une charla-
tannerie inconcevable, qui s'est introduite depuis
peu dans la chymie , d'après Bergman, de vouloir
persuader, par ces calculs, la scrupuleuse exactitude qu'on a mise dans ces analyses ; mais j'ai
déja fait observer quelque part qu'il falloit beaucoup
se méfier de ces grands calculateurs, qui en imposent évidemment, et s'en imposent à eux-mêmes ;
car, quand on répète leur analyse, on trouve qu'il
y a loin entre une bonne analyse et celles qu'ils
font ; et comment seroient-elles justes puisque
ces chymistes ne font que de très-petits essais,

que nous croyons que l'espèce de manganèse, dont je parle ici, est composée d'à peu près cinq parties de terre magnésienne et de trois de chaux de fer.

Quoiqu'il en soit, je voulus employer mon résidu jusqu'à sa fin, et pour cela je me déterminai à le fondre par forme d'amusement et de curiosité ; et prévenu cette fois-ci de ce qu'il étoit, je le mêlai pour cela avec un flux, tel que je l'indique expérience 76e., après avoir bien brasqué le fond de mon creuset avec de la poudre de charbon et de l'argille mêlée ensemble. Cette fois-ci j'eus la satisfaction de trouver dans la scorie, après avoir cassé le creuset, un petit bouton de métal pesant trente-cinq grains, ayant la couleur et les qualités de la fonte, et se dissolvant de même dans tous les acides, faisant de l'encre avec de la noix de galle et du bleu de Prusse avec la lessive

---

où ils ne voient jamais les choses comme elles sont ; mais selon leurs préjugés, Bergman a été mathématicien avant d'être chymiste, et il a porté dans sa nouvelle science, l'amour de la première ; ainsi que cela est ordinaire.

saturée de la matière colorante du bleu de
Prusse. Mais ce qui me surprit exttrèmement
c'est que cette espèce de fonte se coloroit
aussi en rose avec les acides ; c'est à-dire ,
que les dissolutions qui s'en faisoient par les
acides , étoient couleur de rose , et cela bien
mieux que par la manganèse ; ce qui pouvoit me déterminer à croire que c'étoit là
la preuve d'un caractère particulier dans
cette espèce de métal. Mais comme c'étoit
là la seule différence que je remarquai entre cette matière métallique et la fonte ordinaire, et que d'un autre côté je savois , à
n'en pouvoir douter, qu'il y a plusieurs qualités de fonte , et même de très-différentes
entr'elles , je ne fus pas déterminé par-là à
regarder ce régule comme une sorte de métal particulier. Cependant, si quelqu'autre
se croit autorisé par-là à regarder ce régule
comme une nouvelle espèce de métal , je ne
m'y oppose pas , et je laisse volontiers le libre arbitre à cet égard ; mais on sera obligé de convenir qu'il n'y a que cette coloration en rose qui établisse cette différence.

Si M. Gahn , chymiste suédois , qui a retiré aussi de sa manganèse un régule, ne l'a ju-

gé être un métal particulier que par cette même coloration en rose, on peut assurer qu'il n'est pas difficile en preuves, ou que le plaisir de montrer un nouvel être l'a séduit, et l'a empêché de s'appercevoir de tous les autres caractères qui le rapprochent du métal de la fonte. En effet, quand je vois que notre régule donne avec les acides des sels parfaitement semblables à ceux que donne la fonte avec les mêmes acides, excepté qu'ils sont d'une couleur brune ou rose, et que ce métal se précipite en bleu, ainsi que le fer, par la matière colorante du bleu de Prusse, qu'il fait l'encre aussi parfaitement avec les substances acerbes ; je suis toujours persuadé que ce métal est une espèce de fer, qui pourroit vraisemblablement être rendu malléable, et semblable à lui-même par le travail de la forge.

Quant à ce que Bergman en dit dans sa dissertation dix-neuvième, en parlant des mines de fer blanches, et ce que son traducteur y ajoute, je ne puis non plus l'accorder avec mes observations. Mais on voit que la plupart des choses que dit ce chymiste sur ce sujet, et ce qu'en disent les

autres de sa nation, vient de ce qu'ils ne connoissent nullement la manganèse et qu'ils
la considèrent comme une matière homogène ; tandis qu'on voit ici que la terre base du sel d'Epsom en fait la plus grande partie. L'expérience nous a encore montré que
les chaux de fer sont modifiées et changées
dans leur fonte ou leur conversion en métal , à proportion des matières étrangères
avec lesquelles elles se trouvent unies en se
fondant. Il faut donc croire que, puisque
Bergman et d'autres fondent leur manganèse crue, et sans lui avoir arraché au moins
une partie de sa terre magnésienne, ils ont
eu des régules qui s'éloignoient encore plus
que le mien des qualités de la fonte ordinaire.

Ce seroit ici le lieu de faire voir, et nous
pourrions le faire facilement, que tout ce que
ces chymistes ont avancé sur la prétendue
existence de la manganèse dans la gueuse,
est absolument controuvé ou faux dans tous
ses points ; et on le sent facilement, puisque, s'il y a un axiôme en chymie, c'est
celui-ci : qu'il n'y a que les matières métalliques qui puissent se fondre et s'unir avec

les métaux. Or, comme on voit que la manganèse est composée de la plus grande partie de terre magnésienne, il y a lieu de croi qu'elle n'a pu entrer entièrement dans le fer et en faire partie, et qu'il n'y a véritablement que la partie métallique quelle contient qui s'y est combinée. Et comment encore y démêler cette partie métallique ? puisque étant de la même nature, ou à peu près, que le fer, les mêmes agens qui ont dû agir sur elle, ou dû agir aussi sur la totalité de la matière. Mais c'est toujours l'imagination qui fait les frais chez les prétendus nouveaux chymistes. Ils ne parlent pas d'après l'analyse où ils se montrent si peu experts, mais d'après leurs idées, ou d'après leur théorie; c'est elle qui précède tout chez eux. Cette réflexion nous dispense de parler d'un petit ouvrage qu'a publié, il n'y a pas long-tems, sur l'art de fabriquer le fer en acier, M. Bertholet, où notre matière et ce qu'il appelle *carbonne*, autre chymère imaginée par les chymistes pneumatistes, jouent encore un grand rôle : c'est un des plus faux et des plus insensés ouvrages que l'esprit humain ait enfanté dans son délire. C'est surement le jugement qu'en ont porté ou porteront tous les vrais métallurgistes (1).

---

(1) Il est pourtant bon de nous arrêter ici, pour parler d'une matière qui se montre quelquefois dans les gueuses, comme dans celles qui sortent des fourneaux de Framont dans les Voges, laquelle a pu donner lieu a des conjectures que les nouveaux chymistes ont avancées comme des vérités incontestables. Cette matière, qui est expulsée du métal à mesure qu'il se fige, ressemble assez au mica; elle est formée en feuillets, et est de couleur de fer. C'est cette matière que certains nouveaux chymistes ont cru être de la manganèse. Mais cette matière est une preuve de la vérité que nous avons annoncée quelquefois, qu'il y a des matières dans le règne minéral qui sont intermédiaires entre l'état métallique véritable et l'état terreux non métallique; c'est, si l'on veut, le passage de l'état terreux à l'état métallique. C'est à de telles matières que je me suis attaché principalement à appliquer le nom de blendé que les Allemands ont donné indistinctement sans y attacher de l'importance à plusieurs matières de nature fort différente. Il est beau, au contraire, de désigner par-là des

Avant de passer outre, il faut me corriger ici d'une erreur dans laquelle je suis tombé ci-devant, en attribuant la coloratiou des dissolutions de la manganèse par les acides à l'union de la terre magnésienne avec la matière métallique. Il est visible maintenant pour moi que cette terre n'y contribue en rien, et que cette couleur appartient entièrement à la substance métallique.

Je reviens maintenant au sujet qui m'a fait entreprendre ce travail, à cet acide marin qui a distillé sur la manganèse, que les chymistes pneumatistes ont appelé acide muriatique oxigèné. Ces messieurs prétendent que cet acide est toujours tel après l'avoir fait distiller sur quelque matière que ce soit, pourvu que cette matière contienne aussi de l'oxigène. En conséquence, ils ont indiqué les chaux métalliques en général,

matières que la nature amène à l'état métallique, semblable èn cela à ce qui se voit dans le règne végétal et le règne animal, où l'on trouve si abondamment des intermédiaires ou des êtres qui passent de l'état végétal à l'état animal.

et sur-tout le minium , comme également propres à produire cet effet.

81e. Pour voir ce qui en seroit, je pris trois onces de minium , les ayant introduites dans une cornue , je versai dessus la même quantité d'acide marin bien fort, et y ayant lutté un balon , je procédai comme pour la manganèse. A peine l'acide marin eut-il touché au minium qu'il s'y produisit une violente effervescence, et dans le même instant il s'en éleva des vapeurs qui sentoient extrêmement l'eau forte. Mais pendant l'opération le balon ne fut pas rempli de vapeurs jaunes, comme dans la distillation de l'acide nitreux, et le lut ne jaunit même pas aussi fort que dans l'opération de la manganèse. A la vérité, les premières gouttes qui tombèrent dans le balon étoient jaunâtres , mais bientôt après il en vint qui étoient blanches comme de l'eau. L'opération étant finie, je ne trouvai dans le balon qu'une liqueur de saturne entièrement neutre, et de laquelle les alkalis faisoient précipiter abondamment une chaux de plomb blanche. C'étoit, en un mot, un sel de saturne marin dissout dans de l'eau en très-petite quantité, c'est, selon la propriété reconnue à l'acide marin, d'élever avec lui les substances métalliques. Il étoit essentiel de mettre assez de minium avec l'acide marin pour le neutraliser entièrement, et on voit qu'il y en avoit dans la cornue beaucoup plus qu'il n'en falloit pour cela. Deux raisons très-importantes m'avoient dirigé dans cette opération. La première, étoit de dégager du minium autant d'air ou d'oxigène qu'il en falloit pour saturer l'eau qui s'en éleveroit; et la deuxième étoit, de n'avoir dans cette liqueur aucune partie d'acide marin libre, afin de laisser paroître seul et librement l'oxigène, et de voir par-là si cet oxigène que les chymistes croient sans nul fondement, selon leur usage, être le principe des acides, est lui-même acide et si uni avec quelque matière, comme il l'est ici, il manifeste quelque chose d'acide, ou s'il l'a déterminé à prendre le caractère d'acide. Mais je puis assurer qu'il n'en étoit absolument rien. Il est vrai que le balon sentoit comme l'eau régale, mais la liqueur ne la sentoit point : ce qui prouve encore que cette vapeur est assez fugace, et qu'elle n'a point une grande affinité avec l'eau ; par conséquent qu'elle est fort éloignée de la convertir en acide nitreux, comme les nouveaux chymistes l'ont publié eux-mêmes d'après Scheele, qui, comme nous l'avons dit tant de fois, ne s'en rapportoit guère qu'à l'apparence, et se laissoit guider par elle comme un enfant.

Je dois pourtant dire que j'ai cru avoir remarqué dans la décomposition de la liqueur du balon par l'alkali fixe, l'existence de l'air fixe ; puisque m'étant servi dans cette opération de l'alkali caustique, c'est-à-dire, privé d'air acide par la calcination, j'y ai remarqué quelque mouvement d'effervescence (1).

---

(1) Après avoir admis si généralement l'air fixe dans les chaux métalliques, comme la cause de leur état, la plupart des nouveaux chymistes, et sur-tout M. Lavoisier, le père de la doctrine pneumatique, et qui avoit en France consigné ses méditations et tout son savoir dans un livre intitulé *Opuscules physiques et chymiques*, la plupart de ces chymistes en sont venus, disons nous, à nier l'existence de cet air dans les mêmes chaux. Ce n'est

Le

Le résidu de la cornue, comme il étoit aisé de le croire , étoit un plomb corné mêlé avec le minium qui n'avoit pas été dissout faute d'une assez grande quantité d'acide marin.

82e. Après avoir été fort peu satisfait de cette opération, je pris autant de chaux de fer que j'avois employé de minium ; je la fis calciner de nouveau , afin d'en chasser l'air fixe ou acide, ne voulant avoir affaire aussi, dans cette occasion , qu'à l'oxigène seul, qui, de l'aveu des nouveaux chymistes, ne part pas à un tel degré de chaleur, et tant que le métal ne prend pas sa forme malléable ou brillante de métal ; ce qui ne se fait, à ce que soutiennent ces nouveaux chymistes, qu'autant qu'on joint à un tel métal une matière qui ait plus d'affinité avec son oxigène que lui-même ; et jusqu'ici cette matière ne s'est trouvée autre que le charbon, ou une matière inflammable, comme on sait, ou du moins pour les métaux im-

_______________

plus maintenant que l'oxigène seul qui convertit les métaux en chaux, ou comme ils s'expriment en oxide.

P

parfaits , quoique l'absurdité d'une telle sup-
position saute d'abord aux yeux ; puisque
la matière inflammable employée à cet effet , bien loin d'avoir acquis quelque chose , comme cela devroit être dans cette sup-
position , a perdu , au contraire , la plus grande partie de sa substance, et n'est plus qu'une
espèce de squelette ou une terre qui a perdu
tous ses principes. Ayant, dis-je, fait calciner ma chaux de fer autant qu'il étoit nécessaire pour n'avoir affaire qu'à l'oxigène
seul (1), j'espérois que je serois plus heu-

---

(1) J'ai déja observé ailleurs que dans certains
cas, comme dans celui-ci, ce principe est, selon
ces nouveaux chymistes, le principe de la fixité,
et que, dans d'autres il est celui de la volatilité,
et que semblable en cela au principe de Stahl, il
réunit les deux extrêmes ou il est souvent opposé à lui-même. Il est vrai que ces nouveaux théoriciens, pour concilier ces effets contradictoires,
ont appelé à leur secours un calorique, dont ils
ne peuvent pas mieux démontrer l'existence et les effets, et qui ne manque pourtant pas dans certains
cas de s'unir à leur oxigène, et de lui donner la sub-
tilité et la volatilité dont il a besoin pour se condui-
re au gré de ces messieurs.

reux cette fois-ci , et que j'obtiendrois d'autant mieux de cette chaux un acide marin oxigèné , qu'elle avoit été rendue encore
plus indissoluble par cette calcination. Mais
ayant mis cette chaux de fer dans une cornue , et versé dessus la même quantité d'acide marin que j'avois versé sur le minium ,
je fus bien étonné de ne voir partir aucune vapeur de ce mélange. A la vérité, il me
sembla sentir qu'il s'échauffoit un tant soit
peu. La distillation commença par quelques gouttes jaunes auxquelles succédèrent
bientôt des gouttes parfaitement blanches ,
qui bientôt furent remplacées par d'autres
d'un beau jaune orangé ; ce qui m'annon-
ça l'élévation de quelques parties de fer.
J'en doutai d'autant moins que je savois ,
comme nous l'avons vu , que c'est l'effet
ordinaire de l'acide marin lorsqu'on le fait
distiller sur les métaux , et sur-tout sur le
fer , soit qu'il soit en chaux, ou qu'il s'y trouve sous la forme métallique. Mais ce que
je dois ajouter ici , c'est que les gouttes, quelques jaunes ou chargées de fer qu'elles fussent , distilloient plus vite que lorsqu'elles
ne sont que de l'acide marin pur, ce qui

me prouvoit qu'il y avoit quelque chose qui
lui donnoit cette faculté; et je ne doutai
pas que ce ne fut l'oxigène que cette chaux
lui fournissoit, à peu près comme la mau-
ganèse, mais avec une différence si grande,
qu'il n'y avoit aucune comparaison à faire
entre l'une et l'autre. Il est vrai que le fer,
que je voyois à regret uni à cet acide, me
paroissoit encore un grand obstacle à ce que
je pus reconnoître ses propriétés comme acide marin oxigéné. Après avoir déluté les
vaisseaux, je trouvai en effet que ce n'étoit
à peu près que de l'acide marin ordinaire
chargé de beaucoup de fer, mais bien plus
fort que celui qui avoit distillé sur la manganèse, parce qu'il n'avoit pas laissé dans
ce dernier cas ses parties les plus fortes
dans le résidu. J'espérois néanmoins reconnoître dans cet acide quelques-unes des pro-
priés qu'on attribue à celui qui a été manganesé. Je le combinai en conséquence avec
les sels alkalis, mais je ne trouvai dans ces
unions autre chose que les produits ordinaires de l'acide marin dans son état naturel; il ne produisoit, d'ailleurs, aucun effet de l'eau régale combinée de même avec

ces sels , et aucun de ceux que le cit. Bertholet a attribués à son sel oxigéné.

On voit donc que tout le merveilleux qu'on
attribue à cet acide marin oxigéné , n'est
fondé , au moins en grande partie , que sur
la propriété qu'a l'acide marin d'enlever
toujours avec lui une partie des matières
sur lesquelles on le distille , autres même
que celles qui sont métalliques. Cette dernière circonstance malheureusement avoit
été ignorée jusqu'ici , et par conséquent on
étoit bien loin de soupçonner que cet acide
fut capable d'emporter avec lui de la terre
telle que la terre magnésienne. A la vérité ,
cette portion de terre non métallique ne
monte pas seule. On a pu voir qu'elle est
toujours accompagnée par de la chaux de
fer ; et l'on peut croire facilement que l'u-
nion intime qu'il y a entre ces deux terres ,
fait que l'une est emportée en même-tems
que l'autre , comme nous avons vu que le
fer est enlevé du spath vitreux , à la faveur
de l'union intime qu'il y a entre les parties
du fer et celles de la terre de cette substance ; à quoi sans doute les airs contenus dans

P 3

ces substances contribuent beaucoup en s'u-
nissant à ces acides et en s'élevant avec eux (1).

Quant aux propriétés particulières de l'a-
cide marin manganesé, je ne dois pas laisser ignorer qu'il produit sur le fer les mêmes effets à peu près que l'acide nitreux,
qu'il le calcine en le dissolvant comme on
sait que le fait l'acide nitreux ; mais il m'a
paru que cet acide manganesé ou oxigéné,
pour me servir de l'expression de ces nouveaux chymistes, n'avoit point d'autres propriétés relatives à celle de l'acide nitreux.
Il est faux, entre autres, qu'il dissolve les
mêmes métaux que l'acide nitreux. C'est en
vain, par exemple, que j'ai essayé de lui

(1) D'après ces idées et d'après ce que nous
avons dit, il est facile d'expliquer ce qui paroît s'y
étonnant au cit. Fourcroy , dans son admirable
ouvrage sur les eaux d'Enghien, pages 122 et 123,
lorsqu'il trouve que son acide manganesé s'étoit
cristallisé sur les parois de son flacon. Il est clair
que cet acide, élevé sous la forme de gas , avoit
emporté une portion de la terre du sel d'Epsom et
de fer, et qu'il s'étoit cristallisé étant à peu près saturé de ces terres.

faire dissoudre le mercure dans son état naturel. C'est tout aussi mal à propos qu'on lui attribue la propriété de convertir cette substance en mercure corrosif ; en sorte qu'après l'y avoir dissoute, cette matière métallique se trouvoit dans un état absolument différent de celui où elle se trouve après avoir été dissoute par l'acide nitreux. Cependant c'est une conséquence de la doctrine de ces messieurs, que l'oxigène doit nécessairement convertir le mercure doux en mercure corrosif; et c'est-là une autre merveille de leur oxigène qu'ils ont annoncé bien haut, sans pourtant s'être donné la peine de la vérifier par eux-mêmes, comme à leur ordinaire; ils s'en sont rapportés là-dessus à Schéele seul, qui a hasardé ce prétendu fait, comme tant d'autres sans l'avoir vu clairement. C'est dans sa *Dissertation sur la manganèse*, dis-je, dans ce ramassis d'idées et de faits incohérens, que ce chymiste suédois, prenant, comme dans bien d'autres occasions, son imagination seule pour guide, a assuré avoir converti du mercure doux en mercure corrosif, en lui faisant recevoir l'air de la manganèse, c'est-à-dire,

P 4

en le faisant sublimer après l'avoir mêlé avec la manganèse. Et là-dessus on a entendu le cit. Fourcroy, grand prôneur des merveilles de Scheele, et qui enchérit encore même sur ce chymiste, s'écrier, avec le ton de la persuasion la plus grande, que rien n'étoit plus facile que cette convertion du mercure doux en sublimé corrosif, et que même il suffisoit pour cela de faire recevoir, de quelque manière que ce fut, au mercure de l'oxigène pour le convertir en sublimé corrosif, et de convertir sur-le-champ du mercure doux en sublimé corrosif, en versant dessus quelque peu d'acide marin oxigéné.

83e. En conséquence de cette prétention, je fis l'expérience suivante. Je mis dans un balon du mercure que j'avois bien divisé avec de la poudre de quartz pur, et par conséquent inattaquable par les acides; et je mis d'une autre part une once de manganèse réduite en poudre fine, dans une cornue, sur laquelle je versai trois onces de bon acide marin. Ayant bien ajusté les deux vaisseaux, je procédai à la distillation; après quelle fut achevée, je trouvai que mon acide marin oxigéné n'avoit point dissout la moindre partie de mercure. Par le lavage et par un filtre de toile, je repris la même quantité de mercure que j'y avois mise.

84e. Après cette expérience je crus devoir en faire une autre, pour me mettre tout a fait à portée de voir à quoi je devois m'en tenir là-dessus. Je remis dans une cornue la même quantité de manganèse et d'acide marin, et je mis dans un balon une demi once de mercure précipité rouge, qui, selon les mêmes chymistes, est déja saturé d'oxigène ou à peu près, et qui, par conséquent, dans l'hypothèse de ces profonds observateurs, devoit être d'autant plus facile à passer à l'état d'acide ou de sel corrosif. Aussi ne doutai-je pas que s'il y avoit un moyen de faire prendre promptement au mercure cet état salin, ce devoit être surement celui-là, où l'on présente d'ailleurs aux vapeurs de l'acide marin oxigéné, un mercure très-divisé et déja dissout, selon les nouveaux chymistes, par ce même oxigène. Mais je ne fus pas plus heureux cette fois-ci. Je trouvai seulement que mon acide avoit dissout un tant soit peu de mercure; et c'est à cette remarque qu'il faut nécessairement s'arrêter pour saisir le point qui peut donner lieu de soutenir qu'en effet le mercure est converti en mercure corrosif dans cette opération ; car en effet, cette très-petite quantité de mercure dissoute est véritablement sous la forme de muriat corrosif. Mais à cela je réponds qu'il n'y a là que ce qui doit être ; car j'ai démontré jusqu'à la dernière évidence, dans mon *Traité de la dissolution des métaux*, que toutes les fois que le mercure est dissout par l'acide marin, et qu'il en a autant qu'il lui en faut pour en être saturé, il est dans l'état que nous nommons mercure corrosif. Voilà encore ce que je vérifiai en cette occasion, et qui devoit de même fort éclaircir la question ; car ayant répété cette expérience avec la même quantité d'acide marin mis seul dans la cornue, qui, n'étant retenu par rien, monta en entier, et dissolvit une plus grande quantité de mercure. Il se peut donc que dans d'autres circonstances où l'acide marin s'est rencontré, ces prétendus nouveaux chymistes aient obtenu du mercure corrosif qu'ils ont attribué gratuitement à leur oxigène.

85ᵉ. Cependant, craignant toujours d'avoir

mal opéré, ou de n'avoir pas fourni assez d'oxigène à mon mercure, je répétai cette expérience, mais avec cette différence que je mis du mercure doux en poudre dans le balon, et que je reversai sur de la nouvelle manganèse, avec la même quantité d'acide marin, tout l'acide marin oxigéné que j'avois obtenu des deux opérations précédentes. Mais cette troisième fois je ne fus pas plus heureux, car il n'y eut aucune partie de mon mercure de changé en mercure corrosif; ce qui me confirma dans le principe que j'avois avancé autrefois, qu'il faut que l'acide marin soit dans un état rélatif à celui qui est uni au mercure, c'est-à-dire, qu'il soit aussi concentré ou à peu près, pour pouvoir se combiner avec lui, et faire partie de ce composé mercuriel? Au surplus, c'est-là une observation qui a été faite par tous les bons chymistes, et notamment par l'illustre Stahl, et par Henckel dans son *Traité de l'appropriation.* J'ai, d'ailleurs, assez montré dans une autre occasion, que tout ce qu'on appelle affinité, n'est que la disposition qu'ont les corps de s'unir par rapport à l'état où ils se trouvent les uns à l'égard des autres.

86e. Je me déterminai alors à faire l'expérience que rapporte Scheele. Je mêlai ensemble, fort exactement, deux onces de manganèse avec une demi-once de mercure doux; et ayant introduit ce mélange dans un petit matras, je l'enfonçai dans le bain de sable, et le chauffai pour obtenir la sublimation de mon sel mercuriel. Ce mercure ne manqua pas en effet de se sublimer très-bien ; mais, après avoir cassé le vaisseau, je le trouvai aussi doux que je l'y avois mis, et avec la perte de quelques grains.

Dans cette expérience on voit que j'ai eu la précaution de mettre assez de manganèse, pour qu'il y eut toujours suffisamment d'oxigène pour produire l'effet que j'en attendois ; et si cette expérience n'a pas mieux réussi que les autres, on ne peut pas m'en imputer la faute, mais à l'oxigène qui n'a point les qualités qu'on lui attribue ; par où l'on peut voir un exemple de l'exactitude de Scheele, et de la vérité de ses assertions, dont les oxigénistes n'ont pas douté le moins du monde, parce qu'ils trouvoient, comme nous l'avons dit tant de fois, en cela une trop grande confirmation de leur théorie.

En réfléchissant sur cette expérience, je vis cependant que les oxigénistes pouvoient, en adoptant enfin les raisons que je rapporte sur Scheele, imaginer que leur oxigène ayant plus d'affinité avec les principes de la manganèse qu'avec le mercure doux, rien ici n'avoit pu l'en séparer et le déterminer à se joindre à cette préparation. Il s'agissoit donc, d'après cette hypothèse, de trouver le moyen de séparer de la manganèse l'oxigène, purement et simplement; c'est-à-dire, sans qu'il s'y mêlât aucune partie étrangère acide. Ce que je viens de rapporter sur la nature de la manganèse, me faisoit espérer de trouver un bon moyen pour cela, et de satisfaire enfin ces messieurs ; car, ayant vu que la manganèse a principalement pour partie constituante la terre magnésienne, je pouvois croire avec raison que l'oxigène y étoit engagé, et qu'un acide, quel qu'il fut, pouvoit l'en dégager, comme nous avons vu que l'acide marin l'en dégage réellement; car l'amour de la vérité qui nous guide ne nous permet pas de nier qu'il n'y ait réellement un air qui s'élève de la manganèse dans cette occasion, qu'on nommera comon voudra ; tandis que la plus grande partie de l'acide reste engagée dans la manganèse. Il ne s'agit ici simplement que de savoir si cet air est le principe des acides, et s'il convertit véritablement le mercure doux en mercure corrosif.

87e. Il ne falloit donc ici tout simplement que mettre avec la manganèse la quantité juste d'acide qui pouvoit saturer la terre magnésienne, et que cet acide fût assez fixe pour qu'il ne montât pas avant qu'il eût le tems de pénétrer la manganèse. L'acide vitriolique me paroissoit remplir ce but ; mais comme en touchant à des matières métalliques, il devient plus ou moins volatil sulfureux, j'avois à craindre qu'en l'employant purement et simplement dans l'état concentré, il ne souillât l'air oxigéné par cet esprit volatil sulfureux ; je considérois donc que je ne pouvois réussir dans mon dessein, qu'en employant cet acide de deux manières, ou simplement étendu dans de l'eau, ou engagé dans une base avec laquelle il a moins d'affinité qu'avec la terre du sel d'Epsom ; je pris le dernier parti pour plus d'exactitude, et je fis recevoir, de la même manière que je l'ai dit ci-devant , au mercure doux exposé dans un balon, les vapeurs de la manganèse , à laquelle j'avois mêlé fort exactement du vitriol de fer calciné jusqu'au blanc. Mais n'ayant pas plus réussi de cette manière , je fis tout simplement un mélange de partie égale de manganèse et de vitriol , et d'une demi partie de mercure doux : ayant introduit ce mélange dans un matras, je l'exposai en sublimation , mais le mercure qui s'en éleva fut tout aussi doux qu'avant d'y avoir été mis.

Quoique ces deux essais fussent assez inutiles , puisque j'avois vu suffisamment auparavant par les autres essais que j'avois faits , que l'oxigène ne produit pas l'effet qu'on en attend , je n'eus pourtant pas lieu de me repentir de les avoir entrepris à cause des considérations et des observations qu'ils me donnèrent lieu de faire. Car ayant mis sur ma langue, et même sur du sirop de violette, d'abord quelques gouttes aqueuses que je trouvai dans le petit balon qui avoit servi à la première de ces deux dernières expériences, et ayant ensuite essayé de la même manière du mercure sublimé dans la dernière expérience, je reconnus que cet air si vanté ne donne même aucune marque d'acidité. Et comment, me disois-je, le principe des acides n'est pas acide lui-même ? C'étoit, selon moi, une merveille que ce principe donnât au composé où il entre les qualités qu'il n'a pas lui-même. Mais il paroît que ces messieurs, qui se piquent de tant de pénétration, n'ont pas été arrêté par cette difficulté, ou, pour mieux dire, que cela n'en est pas une pour eux, puisqu'ils voient que l'eau pure, par bonheur pour le genre humain, n'est pas acide ; et cependant ils soutiennent, d'après quelques expériences fort illusoires imaginées par Lavoisier, leur chef en oxigène, qu'elle est composée en partie d'oxigène. Il est pourtant un de ces adeptes, le cit. Bertholet, qui a eu la bonne foi d'avancer, dans un de ses mémoires, que cela faisoit une difficulté à l'établissement de leur brillante théorie ; c'est en considérant que bien loin que l'acide marin qui a distillé sur la manganèse, quoique très-chargé d'oxigène, eut acquis de la force, il n'étoit pas même aussi fortement acide qu'auparavant ; après cela on pourroit demander à ce grand docteur,

docteur, ou à M. Lavoisier, s'il s'étonnoit de même ; comment se fait-il que l'air fixe ou acide, qui, selon ces grands chymistes, est composé lui-même d'oxigène pour la plus grande partie, se trouve acide ? Il est vrai que ces messieurs n'ont pas tout dit, et qu'ils se préparent à éclairer encore le monde savant par beaucoup d'autres raisonnemens et d'autres expériences que l'on sait être si convaincantes et si démonstratives ! Il est dans l'ordre de l'esprit humain, lorsqu'il a adopté une fois une opinion, d'aller toujours en avant avec cette opinion. Si nous n'étions pas bien convaincus de cette vérité, nous aurions une belle occasion de l'être par les assertions d'un M. Westrumb, au sujet de l'objet qui nous occupe en ce moment. Ce chymiste allemand, très-grand admirateur aussi de Scheele et de la nouvelle doctrine, ne se borne pas à soutenir les mêmes erreurs que nous venons de relever; il annonce encore, avec un ton décidé et comme en ayant acquis la preuve bien convaincante, que l'acide marin manganesé, qu'il appelle comme Scheele acide marin déphlogistiqué, a une propriété encore bien plus singulière ; celle de

Q

décomposer le cinabre, et de convertir dans la même opération son mercure en sublimé corrosif, comme aussi de décompser l'antimoine, et de convertir son métal en beurré d'antimoine; c'est à dire, en cette espèce de sel volatil avec excès d'acide qui résulte de la distillation du sublimé corrosif avec l'antimoine. Si ce n'étoit là qu'une prétention, on pourroit dire tout simplement que c'est une erreur qui provient de la même idée qu'ont les nouveaux chymistes, que le soufre passe à l'état d'acide vitriolique par l'addition seule de l'oxigène, et qu'alors il doit convertir le mercure et l'antimoine en chaux dans l'état que nous venons de dire. Mais lorsqu'un auteur a avancé, comme le chymiste que nous venons de nommer, qu'il a fait les expériences capables de le convaincre de ces prétendues vérités, je dis qu'il n'y a qu'un imposteur qui puisse s'exprimer ainsi, ou un homme qui s'est aveuglé par quelqu'apparence équivoque ; et qu'alors un tel chymiste, ne mérite aucune croyance. On peut d'autant plus dire ceci que les chymistes pneumatistes étoient eux-mêmes convaincus, par l'expérince si simple à faire, que l'oxigéne ajouté directement au soufre ne le convertit pas du tout en acide, et qu'il faut de toute nécessité pour cela que le soufre entre en combustion.

A l'égard de l'acide marin manganesé combiné avec les alkalis fixe et volatil, sur lequel un des adeptes de la nouvelle chymie a fondé la plus grande partie de son mérite en chymie, je n'ai pu rien voir que de très-ordinaire dans les effets produits par les sels qui résultent de ces combinaisons. Dès long-tems on avoit remarqué de tels effets dans d'autres matières, occasionnés, sans doute, par la même cause : les effets de la poudre fulminante de Stahl, et l'or fulminant en sont la preuve évidente. L'élasticité véhémente de cet air, qui est la cause du principal effet du nitre, avoit été remarqué depuis long-tems ; mais vouloir attribuer les effets du nitre à cette cause comme ceux des sels dont nous parlons, et par conséquent de ces sels comme pouvant remplacer le nitre, d'après l'idée de Scheele ; c'est une véritable folie, et celui qui a eu cette idée a eu à souffrir d'avoir méconnu le grand principe de cette chymie ancienne, qu'il méprise , savoir , que les effets des corps augmentent par leur masse ou leur quantité numérique. Il a dû être fortement puni de son ignorance audacieuse, en voyant les funestes effets qui s'en sont ensuivies , sur les deux victimes innocentes qui étoient témoins de ses expériences en grand , faites au moulin à poudre d'Essonnes , en 1789. Pareil effet arriva au moine Bacon à Hambourg , en 1530. Dans cet effet comme dans celui de la poudre fulminante de Stahl, et de l'or fulminant , il n'y a point de véritable inflammation : la lumière qu'on y voit n'est que celle du feu pur , de la matière électrique. Ces sels , sur-tout celui qui est fait par la combinaison de l'alkali fixe avec cet acide marin manganesé , ne pouvoient donc pas remplacer dans la poudre à canon le nitre dont les effets ne sont ce qu'ils sont que par un détonnement occasionné par l'inflammation. Cependant , l'observateur dont nous parlons n'a pas même averti des précautions indispensables qu'il falloit prendre , pour faire ensorte que le sel dont il est question, eut toutes les qualités qu'il doit avoir ; sans quoi il n'a pas

plus de qualité que le sel marin fébrifuge ordinaire de Silvius.

La première remarque que j'ai faite à cet
égard , est que lorsque l'acide marin manganesé est fort foible, c'est-à-dire, lorsqu'il
n'est point surchargé d'acide marin ; le sel
qui en résulte, avec l'alkali fixe , ne détonne point, sur tout si on a fait évaporer lentement, et à l'air libre, la liqueur qui le
contient ; car alors cet air, qui ne peut être
retenu par l'eau , et ne peut se combiner
avec l'alkali fixe de lui même ou y rester
combiné , se dissipe, et laisse l'alkali et l'a-
cide seuls. Cet air, où l'oxigène, pour me
servir de l'expression des nouveaux physiciens, prétendus chymistes, est fort fugace,
et ne peut être retenu que par l'acide concentré. J'ai essayé de le combiner seul avec
les alkalis fixes et volatils ; c'est-à-dire, que
j'ai employé à cet effet, une eau qui avoit
été élevée, à peu près privée d'acide marin, de dessus de la manganèse, mais cela
a été inutilement. Il faut nécessairement suivre le procédé indiqué par le cit. Bertholet
pour parvenir à obtenir ce sel fulminant,
ou l'on doit employer dans l'opération de

la manganèse un fort acide marin, et plus qu'il n'en faut pour saturer la terre magnésienne qui est dans la manganèse. Cet air ou oxigène n'est quelque chose, et ne fait de l'effet qu'autant qu'il est combiné avec cet acide.

*Sur les sels essentiels des plantes , et en particulier sur celui de l'oseille et sur son acide.*

Par tout ce qu'on nous dit relativement aux sels acides qu'on obtient du sucre et de l'arsenic au moyen de l'acide nitreux, et que les prétendus nouveaux chymistes regardent, ainsi que Scheele, comme de véritables acides, les premiers comme des produits nouveaux de leur oxigène, et le second comme des acides essentiels de ces substances; on conçoit facilement quelle est notre manière de voir sur ces sels, qui n'est au reste que celle même des anciens et véritables chymistes, qui ont reconnu parmi les sels une classe particulière qu'ils ont désignée sous le nom de sels avec excès d'acide; classe que Rouelle a fort étendue dans le règne minéral, quoi qu'il se soit trompé quelquefois (1). Nous avons pour but d'examiner ici ceux de ces

---

(1) Rouelle, en généralisant un peu trop ses idées, comme c'est l'usage de tous ceux qui enseignent publiquement, avoit regardé tous les sels à base d'alkali fixe comme susceptibles de prendre un excès d'acide ; mais il est démontré qu'il n'y a dans le genre de ceux qui ont pour base l'alkali fixe que le seul tartre vitriolé qui soit susceptible de prendre véritablement cet excès, et de le retenir jusqu'à un certain point ; nous voulons dire jusqu'à ce qu'il subisse une espèce de décomposition que ce sel éprouve en l'exposant à l'humidité sur du papier brouillard posé sur un sable humide ; remarque que le professeur Leroux, défenseur zélé de la doctrine de son maître, avoit faite, en répondant au cit. Baumé qui avoit attaqué à cet égard la doctrine de Rouelle, et avoit cru en trouver une occasion favorable dans cette même décomposition, et pensé même bientôt devoir assurer que la doctrine de Rouelle n'avoit à cet égard rien de réel. Ce chymiste eut plus de raison d'attaquer l'autre principe de Rouelle, qui admettoit des sels avec le moins d'acide possible, et dont il donnoit pour exemple le turbit minéral, le précipité de bismuth et celui de plomb occasionnés par l'eau versée dans la dissolution de ces métaux faite par l'acide nitreux, et qui sont de véritables chaux, lorsqu'elles ont été bien lavées dans l'eau.

Q 4

sels que la nature nous présente tout formés dans les plantes , dont le nombre est
bien plus grand que ceux que l'art et le
règne minéral nous fournissent ; s'il est vrai
sur-tout que chaque plante contienne un
sel essentiel différent et particulier à son espèce. Quelque éloignés que paroissent d'a-
bord ces sels de ceux dont nous avons parlé ci-devant, on verra par le détail où nous
allons entrer, quils ont bien plus de rapport ensemble qu'on ne seroit porté à le
croire d'abord , et qu'ils ne sont les uns et les
autres que des sels avec excès d'acide , mais
dont les bases sont différentes. Cette resems-
blance ou analogie est également vraie dans
l'opinion des chymistes pneumatistes et dans
celle de Scheele. Les uns et les autres considèrent aussi les sels acides et essentiels des
plantes comme de véritables acides , c'est-à-
dire, comme des acides purs et particuliers ;
et ne regardent leurs bases grossières et composées elles-mêmes , que comme une partie essentielle dë ces mêmes acides. C'est dire, en d'autres termes, que ces prétendus
acides n'existeroient pas sans ces matières ;
ce qui est, comme nous l'avons vu , une

absurdité ou une fausseté révoltante , puisque nous avons démontré qu'indépendamment de ces bases, les acides qui sont combinés avec elles soint très-réels , et aussi parfaits en leur espèce que les autres le sont en la
leur. C'est malheureusement en considérant
la totalité de ces sels comme de vrais acides ,
c'est-à-dire, comme des acides purs, que ces
chymistes leur ont trouvé tant de propriétés
différentes, et ont établi des caractères qui
n'appartiennent point à ces acides seuls, mais
à leurs combinaisons. C'est par-là même
que ces prétendus chymistes ont tant établi d'acides différens ; car les bases différentes qui sont combinées avec eux , leur
donnent nécessairement des propriétés différentes les unes des autres. Il ne faut donc
pas être étonné que ces chymistes aient établi tant d'acides différens dans le règne végétal; car n'ayant jamais décomposé ces sels et
cherché à en obtenir l'acide pur et simple, selon la manière des vrais chymistes , ils s'en
sont tenus à leur combinaison pour juger
d'eux-mêmes ; ce qui est aussi sensé que de
regarder la crême de tartre comme un acide
essentiellement différent de l'acide pur du

tartre, ou le sel de nitre mercuriel comme un acide différent de l'acide nitreux. C'est ainsi pourtant qu'un homme qui a été imbu long-tems des bons principes de la chymie, et dont on n'auroit pas dû craindre qu'il s'en fut écarté au point, de méconnoître ce principe simple et d'une évidence palpable, a étendu prodigieusement et très-ridiculement la classe des acides dans la nouvelle *Encyclopédie*, dont il est un des coopérateurs. C'est là une preuve évidente de la force des préjugés inculqués par l'esprit de système. Il est vrai encore que Scheele, méconnoissant ce principe, a tracé le premier, à cet égard, le chemin de l'erreur dans lequel marchent les nouveaux chymistes ; et lorsqu'ensuite ceux-ci, adoptant toutes les erreurs de Scheele, ont dit que la puissance de l'oxigène est telle qu'il peut convertir les matières les plus matérielles et les plus composées en acides réels; alors s'est établi cette grande partie du système des pneumatistes, sur la formation des acides. Tout cela ne seroit pas arrivé si ces prétendus nouveaux chymistes, prenant un point de comparaison dans un des acides réels, et reconnu

pour tel par tous les partis , ils eussent ensuite examiné par l'analyse les nouvelles matières salines qu'ils gratifioient avec si peu
de raison de la qualité d'acide pur ; mais
par malheur ces messieurs ont donné des
preuves , comme nous l'avons déja dit ailleurs , qu'ils n'en étoient point capables. On
sait que toutes leurs prétendues analyses se
passent dans des vaisseaux de verre , que
leur produit sont invisibles et susceptibles de
prendre toutes les formes , et de faire croire
tout ce qu'on a envie de croire. C'est ainsi,
par exemple, que ces physiciens regardent
sans difficulté le charbon comme une matière permanente et indestructible ; tandis
qu'il n'y a rien de mieux démontré par la
vraie chymie que cette décomposition, et
que par l'analyse chymique on le réduit véritablement en air , en terre et en sel alkali.

Au surplus, ces soi-disant nouveaux chymistes établissent, comme malgré eux , une
grande différence entre leurs prétendus acides du règne végétal et les réels ; car ils
avouent qu'ils donnent tous des résidus charbonneux , et qu'ils laissent tous plus ou
moins des résidus très grossiers. Ils pour-

roient ajouter qu'ils donnent tous plus ou moins de l'alkali fixe : faudra-t-il dire également que cette substance saline est aussi une base acidifiable et convenable à leur oxigène ? Tel est le cercle vicieux que ces prétendus chymistes parcourent continuellement sans en remarquer, comme nous l'avons dit, toute l'absurdité ; tant l'esprit de systéme fascine l'entendement et parvient à dénaturer les idées les plus vraies.

Ce que nous avons à dire ici du sel d'oseille, que ces messieurs appellent, d'après Scheele, acide oxalique, peut servir d'exemple pour tous les sels des végétaux ; ils ne sont tous pareillement que des concrétions faites par l'acide propre de la plante, combiné avec de l'huile, de la terre et du sel alkali ; en un mot, ils sont ce que dans la vraie chymie on a appelé sel essentiel des plantes. Tels sont encore les prétendus acides du tartre de Scheele, ainsi que les acides citriques et galliques. Car remarquez que nous établissons ici pour les acides végétaux des nouveaux chymistes, ce que nous avons établi ci-devant pour leurs acides minéraux ; c'est-à-dire, que la différence qu'on a remarquée en eux ne tient qu'aux bases dans lesquelles ils sont enchaînés. Nous en avons donné pour exemple le prétendu acide de l'arsenic et du sucre, qui doivent servi de règle pour juger des autres prétendus acides minéraux des nouveaux chymistes tels que ceux que Scheele a nommés tunstique et molibdique, etc.

Comme la vraie chymie a enseigné dans tous les tems qu'il n'y a vraiment que la distillation d'un pareil sel qui puisse en faire dégager l'acide purement et simplement, d'après ce principe certain, qu'il est de l'essence des acides de se volatiliser plus ou moins vite sans se décomposer et même sans s'altérer ; c'étoit le bon et le seul parti que j'avois à prendre, et c'eut été celui qu'auroit dû prendre Scheele et ses adhérens, avant de regarder leurs matières salines comme de véritables acides.

88e. En conséquence je pris une bonne quantité de suc d'oseille de la grande espèce, qui étoit fort acide ; je le clarifiai et le fis évaporer jusqu'à la consistance de sirop. Comme je vis ensuite que le sel essentiel d'os

seille étoit de nature à se former difficilement ; et considérant que le suc clarifié
qui le contenoit , étoit , relativement à mon
but , exactement la même chose que les cristaux de sel essentiel eux-mêmes ; je fis évaporer la moitié de ce sel jusqu'à siccité, et
l'ayant introduite dans une cornue de gré
luttée, je plaçai cette cornue au fourneau
de reverbère, et lui ayant joint un balon,
je procédai à la distillation selon la règle.
Pendant que la distillation se faisoit, je ré-
fléchissois sur ce que j'avois trouvé l'extrait
d'oseille moins acide que le suc d'oseille frai-
chement tiré ; j'en conclus que cet acide
étoit fort volatil, et qu'il y avoit dans cette
plante une portion d'acide qui n'étoit pas
parfaitement combinée avec les matières extractives de cette plante, et que pour obtenir promptement de cet acide d'oseille, il
falloit exposer à la distillation cette plante
toute fraiche ; mais que cet acide étant noyé
alors dans une grande quantité de flegme,
il seroit nécessaire de le concentrer en le
combinant d'abord avec un alkali fixe bien
pur, et ensuite en le dégageant par l'aci-

de vitriolique après l'avoir desséché. C'est ce que je me proposois de faire, mais il falloit auparavant suivre mon opération.

La liqueur acide qui passa dans mon balon assez promptement, et à un feu qui étoit médiocre, étoit jaunâtre ; ce que j'attribuai à quelques gouttes d'huile qui étoient montées en même-tems, et qui étoient tenues en dissolution par l'acide comme en d'autres occasions semblables. Quand cette distillation fut ralentie, et que les gouttes ne se succédèrent plus que très-lentement, il passa une huile pesante, tenace et noirâtre, qui ne couloit que très-lentement le long des parois de l'allonge.

J'obtins de cette distillation six onces d'acide, qui n'étoit pas extrêmement fort, mais qui ne méritoit pas pour cela le nom d'acidule, comme qui diroit petit acide ; manière de s'exprimer de quelques-uns des nouveaux chymistes, qui font voir par-là qu'ils ignorent non-seulement ce que sont ces acides, mais même qu'un acide affoibli par quelque cause que ce soit, n'est pas moins un acide aussi parfait que celui qui est concentré. Mais il est encore aisé de voir quel est

l'esprit qui les dirige en cela ; il est visible, en suivant leurs principes, que c'est
parce qu'ils pensent que leur oxigène ne convertit pas tout à coup les matières avec lesquelles il se combine en acide, mais par une
succession de tems et par une augmentation
de sa quantité ; et c'est-là, nous semble,
une des plus grandes erreurs qu'il y ait en
chymie, ou, pour mieux dire, en histoire
naturelle ou en minéralogie ; car l'expérience nous y montre que la formation des corps
ne dépend pas de l'addition successive ou
partielle de leurs parties constituantes, mais
d'une formation parfaite et réelle au même
instant, que leur perfection va en croissant
sans autre addition que celle de l'eau, qui,
selon notre opinion particulière, est la base de tous les corps de la nature tant solides
que fluides.

L'huile dont je parle laissoit sur la langue un goût pareil à celui de l'acide du vinaigre radical, et cela malgré l'huile auquel il
étoit uni. Il en avoit la volatilité, car l'ayant
mis à distiller dans une cornue de verre au
bain de sable, il monta avec la plus grande
facilité. Dans cette rectification il n'avoit
conservé

conservé qu'une petite couleur citrine ; la
la matière huileuse resta dans la cornue,
où elle forma un enduit qu'il me fut impossible de détacher autrement que par de
l'esprit de vin.

89e. Je combinai cet acide avec de l'alkali fixe , et j'en obtins, comme de l'acide
du vinaigre et de l'acide du sucre , un sel
très-déliquescent, mais qui en différoit en
ce qu'il se cristallisoit à la chaleur du bain
de sable , en espèce d'aiguilles fines flexibles
et un peu divergentes entr'elles. Malgré cela je ne l'en crus pas essentiellement différent. Cette configuration, qui n'est, au reste,
que très-momentanée , pouvoit provenir de
quelque portion d'huile que cet acide retenoit
encore, ce que sa couleur citrine faisoit assez
croire. En effet, on va voir que lorsque cet
acide a été rectifié de nouveau, il n'a plus
donné de sel en cristaux , du moins aussi facilement. L'acide qui en étoit dégagé par l'a-
cide vitriolique, étoit exactement semblable à celui de l'acide du vinaigre radical
qu'on dégage pareillement de l'alkali fixe,
et tel encore que celui du sucre , ce qui me

R

porta à croire dès ce moment que mon acide d'oseille étoit le même que ceux ci.

90e. Pour m'en assurer davantage, je mis
tout mon sel, qui étoit d'environ deux onces, dans une petite cornue de verre, et je
versai dessus de l'acide vitriolique affoibli
par un peu d'eau. C'est la petite précaution
qu'il faut prendre pour empêcher que l'a-
cide qui en est chassé ne soit infecté par
l'esprit volatil sulfureux. Ayant placé cette
cornue au bain de sable, et lui ayant ajusté un balon, je mis du feu dans le fourneau. A la première impression de la chaleur, l'acide monta avec précipitation en
vapeurs blanches comme l'acide du vinaigre.
L'acide que j'en obtins étoit d'un beau blanc,
et avoit une odeur toute pareille à celle de l'a-
cide du vinaigre radical, excepté cependant
qu'on y démêloit encore une petite odeur
d'empireume. Cet acide étoit tout aussi fort
que celui de l'acide du vinaigre purifié de la
même manière; il étoit bien loin par conséquent d'être en l'état appellé acidule par
les nouveaux chymistes, qu'on doit d'autant
moins excuser de s'être fait illusion à cet

égard, que les expériences pour se convaincre du contraire, sont, comme on le voit, fort faciles à faire (1).

Sans aller plus loin, on peut voir tout de suite ce qu'il faut croire de cette assertion avancée par Scheele, et répétée avec empressement par tous les chymistes pneumatistes, et sur-tout par le cit. Fourcroy dans

---

(1) Il est encore bon de remarquer à cette occasion, que messieurs les pneumatistes établissent entre l'acide du vinaigre simple et l'acide du vinaigre radical, c'est-à-dire, entre celui qui a été tiré simplement du vinaigre par la distillation, et celui qui a été purifié de la manière dont nous parlons ici, la même distinction qu'ils établissent entre les portions de l'acide nitreux retirées par la distillation ; c'est encore là une de leurs grandes finesses, mais où il y a tout aussi peu de jugement. Car l'acide du vinaigre radical ne diffère pas essentiellement du premier ; il en diffère seulement que parce qu'il est plus dépouillé des parties huileuses, et que souvent il est infecté par l'esprit volatil sulfureux. Mais quand bien même il y auroit en cela quelque mérite, ce ne seroit pas encore à ces prétendus nouveaux chymistes à qui il faudroit l'attribuer, mais bien à Scheele, qui a fait le premier cette distinction.

sa nouvelle *Somme chymique*, que ce même acide peut être toujours fait lorsqu'on combinera l'acide nitreux avec les sucs végétaux ; c'est-à-dire , lorsqu'on combinera l'oxigène des nouveaux chymistes avec des bases végétales. Et peu s'en faut que ces profonds chymistes ne croient que par le mot acide végétal il faille toujours entendre la combinaison de leur oxigène dans les matières végétales ; ou , ce qui est la même chose, que tous les acides végétaux sont des acides oxaliques ou semblables à celui de l'oseille. L'absurdité d'une telle proposition est trop sensible , pour qu'il soit nécessaire de la discuter ici. C'est d'ailleurs vouloir établir une uniformité qui doit être aussi contraire à la nature dans le règne végétal qu'elle l'est dans les règnes animal et minéral. La beauté et la magnificence de la nature se montrent bien davantage dans cette variété infinie que nous admirons dans tous ses ouvrages. Mais, ce qui est plus, nous pouvons défier ces prétendus chymistes par le fait même qu'ils allèguent , qui est que la combinaison de l'acide nitreux dans les végétaux , donne toujours le même résultat, c'est-à-dire , toujours un acide réel.

Nous pouvons assurer que cela est d'une fausseté palpable, et que dans tous les cas, lorsqu'on combine l'acide nitreux avec un suc végétal ou avec un sel essentiel de plantes, on a d'une part un vrai sel de nitre, et de l'autre un acide composé ; et que si on distille un pareil composé, et qu'on combine la liqueur acide qui s'en élevera avec de l'alkali fixe bien pur, on aura d'une part un vrai nitre, et de l'autre un sel déliquescent, résultant de la combinaison de l'acide essentiel de la plante avec l'alkali fixe. Tel a toujours été le résultat que j'en ai eu. Il y a pourtant une chose importante à observer ici ; c'est que l'acide de la plante retiré de cette manière, et le sel qui résulte de sa combinaison avec les alkalis ou d'autres matières, sont toujours plus purs et plus nets qu'ils ne le seroient sans cela. Ce qui vient de ce que l'acide nitreux a, comme on sait, la propriété de brûler et de désorganiser les substances huileuses et muqueuses qui enveloppent les sels et les acides des végétaux, et qui les salissent toujours plus ou moins par leurs débris. Au surplus, on voit que l'assertion de Scheele n'a été saisie et soutenue avec tant de force

par les pneumatistes que pour faire valoir
la puissance de leur oxigène ; semblable à
un foible roseau à qui il faut donner de toute part des points d'appui, sans quoi il flé-
chiroit d'un côté ou d'autre, ainsi que l'inventeur de ce principe fantasque l'a senti à
merveille. Que celui-ci, qui n'a jamais été
un vrai chymiste, qui n'a jamais su faire
que des analyses invisibles, et qui n'a jamais cherché à connoître les corps qu'à travers des vaisseaux de verre, se soit persuadé
par-là de la vérité de ses prétentions, il n'y
aura assurement rien de bien étonnant ; mais
que d'autres, tel qu'un Morveau, qui ont appris qu'on ne doit jamais juger de la nature
d'un corps que par l'analyse exacte et la sépa-
tion et obtention de ses principes séparément, se laissent entraîner à de pareilles
idées ; voilà ce qui auroit lieu de nous étonner, si nous ne savions pas parfaitement combien l'esprit voit faux quand une fois il a été
corrompu par une théorie et par un systême quelconque qu'on a adopté ; semblable
à une maîtresse impérieuse qui exige le sa-
crifice le plus entier de toutes considérations
qui ne seroient pas à son avantage, et qui ne

permet aucune réflexion qui pourroit dis-
traire d'elle.

91e. Mon acide d'oseille ou oxalique, comme s'expriment messieurs les pneumatistes,
rectifié de la manière qu'on vient de le voir ,
ayant été combiné avec l'alkali fixe déliquescent et l'alkali de la soude, me donna de beaux
sels blancs, et celui qui résulta de sa combinaison avec l'alkali fixe , attiroit également
l'humidité de l'air , et paroissoit en tout semblable à celui de l'acide du vinaigre. Je ne
veux pourtant pas assurer que ces acides
soient exactement semblables ; j'aime trop à
croire à cette variété infinie de la nature.
Les nuances différentielles nous échappent,
et nous ne voyons souvent que les traits les
plus marqués.

92e. En traitant de l'acide du sucre j'ai
fait voir que cet acide combiné avec la craye
forme, comme l'acide du vinaigre, une matière saline très-déliquescente. Je répétai
cette même expérience avec mon acide d'o-
seille , et j'en eus un sel tout pareil. On
sait encore que l'acide du vinaigre combiné
avec cette terre, et même avec les alkalis
fixes , en part très-facilement , c'est à-dire ,

au moyen d'une chaleur médiocre, et sans l'action d'aucun acide minéral (1). Je fus curieux de voir si à cet égard mon acide n'auroit pas encore cette ressemblance avec celui du vinaigre et celui du sucre ; en conséquence je mis ma masse saline toute chaude dans une cornue de gré luttée, et l'ayant chauffé par degré au fourneau de reverbère, j'obtins mon acide encore plus facilement que je ne l'avois obtenu de la masse de mon extrait d'oseille ; vraisemblablement parce qu'il y étoit moins enchaîné. En effet, dans mon extrait où cet acide formoit le sel essentiel avec de la terre, de l'huile et de l'alkali fixe, il devoit lui être bien plus difficile à s'arracher, puis qu'il falloit une force de feu assez grande pour désorganiser cette matière composée, et briser l'enveloppe que lui donnoit l'huile.

Comme la combinaison de notre acide d'oseille avec la terre calcaire est faite purement et simplement, il ne faut pas cher-

---

(1) C'est encore là un autre trait de ressemblance entre ces acides : ils sont tous également volatils, et tiennent tous également peu à leurs bases.

cher à trouver dans cette combinaison quelque ressemblance avec le sel dont parle Scheele, résultant de la combinaison de son prétendu acide d'oseille avec la même terre ;
il doit y avoir une grande différence entre
des sels si dissemblables. Le prétendu acide
d'oseille de Scheele, n'est qu'un sel fort composé lui-même, et ayant, comme tous les
sels essentiels des plantes, un excès d'acide
naturel ainsi que le tartre, mais moins fort
dans les uns que dans les autres ; lequel
est augmenté par celui qui y combine de
nouveau ce chymiste : ce que messieurs les
pneumatistes croient religieusement être un
produit parfait de l'oxigène. C'est d'ailleurs
une vérité incontestablement démontrée que
les sels essentiels des plantes se combinent
en entier avec les alkalis et les terres, et
sans souffrir de décomposition, comme le tartre, qui n'est qu'un semblable sel, en donne
d'ailleurs tant d'exemples tous les jours. De
pareils sels sur-composés sont plus ou moins
dissolubles, selon que le sel essentiel est
surchargé de plus ou moins d'huile.

Il est donc bien démontré que le prétendu acide oxalique des pneumatistes, n'est

qu'un sel fort composé avec un excès d'acide, c'est-à-dire, la combinaison de l'acide de
l'oseille et de celui qu'ils y ont mis de nouveau avec de la terre, de l'alkali, de l'huile
et de la terre, qui constituent, nous le ré-
pétons, tous les sels essentiels des plantes.
Peut-être que si de telles gens, qui se donnent néanmoins pour exacts chymistes, eussent été plus instruits ou plus au fait de ce
qu'ils appellent l'ancienne chymie, ils eussent reconnu leur bevue, et que ce qu'ils
donnent avec tant de confiance pour des
acides réels ou purs, ne sont que des sels
surchargés d'acide.

D'après ce que nous disons ici, on peut
juger de tous les autres prétendus acides
des végétaux de Scheele, acides qu'il ne s'est
pas même donné la peine d'examiner par
la distillation, pour chercher à s'assurer
par là de la vérité. En attendant que nous
puissions prouver authentiquement par un
autre exemple cette monstrueuse erreur
de Scheele, nous pouvons assurer comme
une vérité démontrée que tous les autres acides des végétaux ne sont aussi que
des sels acides sur-composés. Ce qu'il y a en

core de vraiment surprenant, c'est que Schee•
le et ses adhérens s'étonnent de la prétendue
singularité de ces prétendus acides purs; qu'é-
tant combinés avec des terres calcaires et
des sels alkalis, ils forment des sels neutres
parfaits, permanens, et quelquefois de difficile dissolution; tandis qu'il n'y a là que
ce qui doit être, et que le sens commun et
les résultats ordinaires de la chymie enseignent et ont enseigné à tous les chymistes
depuis long-tems.

93e. A présent il faut que je fasse remarquer que notre acide d'oseille, qui, dans son
état d'impureté et tel qu'il est après avoir
été tiré de l'oseille par les simples distilla•
tions, faisoit précipiter le mercure de son
dissolvant en une poudre rougeâtre, et faisoit aussi précipiter le fer du sien en une
poudre noirâtre; ne produisoit plus aucun
de ces effets après avoir été purifié de la
manière que je viens de le dire; ce qui prouve que ces effets n'avoient lieu dans le premier cas que par rapport aux parties hui-
léuses et fuligineuses qui étoient unies à cet
acide; ce qui ne se borne point à ce cas
seul; au contraire, on a vu de pareils effets

dans bien d'autres cas produits pareillement par des parties huileuses et fuligineuses; en un mot, par toutes les matières extractives, unies à des fluides ; par où l'on peut voir ce que c'est que cette échelle des prétendues affinités de cet acide de l'oseille donnée par quelques-uns des adhérens de Scheele, et par Scheele lui-même, comme une preuve que cet acide étoit vraiment d'une nature particulière. C'est ainsi que ces nouveaux chymistes, sans sagacité et sans justesse, confondent perpétuellement les effets d'un composé avec ceux de l'un de leurs principes, où rapportent tous les effets de leurs composés à un seul. Ce qui est, comme nous l'avons vu tant de fois, un des plus grands maux qu'apportent ces nouveaux chymistes dans la vraie chymie. Il est certain que notre acide d'oseille ne peut dans aucun cas, être comparé au sel essentiel de l'oseille. L'un agit comme sel composé, et l'autre comme acide pur. En faisant connoître les propriétés de notre acide, et en disant qu'il est en tout semblable à celui du sucre et à celui du vinaigre, nous sommes dispensés de prouver que cet acide est chassé comme eux avec la plus grande facilité des bases dans lesquelles il est combiné par tous les acides minéraux, même sans le secours du *feu*.

94°. Il s'agit bien moins dans la marche de l'examen d'un corps de cet étalage d'expériences faites à la hâte, ou présumées telles, en lisant les dissertations de Bergman, que de celles qui vont droit au but, c'est-à-dire, qui tendent à faire connoître directement l'objet qu'on cherche à connoître (1).

---

(1) Qu'on ne soit pas étonné de la manière dont je parle de Bergman. Personne n'avoit plus d'estime que moi pour ce célèbre chymiste ; j'étois lié d'amitié avec lui ; c'est par lui que je correspondois avec l'académie des sciences de Stockholm ; mais la vérité m'a toujours été trop chère pour ne pas la préférer constamment à ses opinions, et surtout aux idées qu'il puisoit chez son ami Scheele, qui l'ont, on peut le dire, induit en erreur sur bien des objets. On sait d'ailleurs que Bergman a fort souvent écrit ses dissertations à la hâte pour les faire soutenir en thèse par de jeunes gens. Déja je vois que ceux qui le chérissisoient le plus se voient forcés de le contrédire, à mesure qu'ils travaillent, et qu'ils répètent ses expériences.

Aussi n'ai-je fait d'autres expériences que celles qui tendoient directement à me faire connoître le caractère de mon acide ; j'ai, par
exemple, regardé comme essentiel à mon
but de combiner mon acide d'oseille avec
le fer, parce qu'on sait quel est le résultat de
la combinaison de l'acide du vinaigre avec
ce métal. Et d'ailleurs j'ai montré dans mon
*Traité de la dissolution des métaux* ce résultat, qui est une dissolution sombre, ou
d'un brun obscur laquelle, évaporée fortement, donne des cristaux encore plus som-
bres, écailleux, ou qui ressemblent à des
parties d'extrait végétal, desséchées entièrement. Tel a été précisément le résultat
que nous avons eu de notre acide d'oseille,
traité de la même manière. En faisant chauffer le mélange de cet acide avec de la limaille de fer dans un matras sur le bain
de sable, il s'y forma pareillement une écume, et ce mélange se boursoufla beaucoup.

La matière saline que j'en obtins, au lieu
d'attirer l'humidité de l'air, s'y desséchoit
au contraire entièrement. Mais il est utile
d'observer que pour que cet effet ait lieu,
il faut qu'il ne reste pas d'acide libre dans

cette dissolution , et que l'acide soit entièrement saturé.

95°. C'est encore une vérité reconnue par
tous les chymistes , qu'il n'y a que l'acide
du vinaigre qui , combiné avec le cuivre ,
soit susceptible de former ce beau sel verd
qu'on nomme, en terme de peinture, *verd
distillé* , qui est aussi sec , et qui n'attire
pas plus l'humidité que le sel brun martial dont je viens de parler. C'est encore l'effet que produit notre acide d'oseille. Mais
il faut prendre les mêmes précautions que
lorsqu'on traite l'acide du vinaigre avec ce
métal , c'est-à-dire, qu'il faut laisser digérer
lentement cet acide avec ce métal réduit en
limaille à une chaleur douce ; c'est ce que
je fis , et c'est encore là un autre trait de
ressemblance remarquable entre ces acides.

Après ces expériences démonstratives et
importantes pour mon but , il ne me demeu-
roit rien à faire sur cet objet. Cependant,
comme il me restoit encore le résidu de
ma première distillation , c'est-à-dire , celui
de l'extrait d'oseille , dont j'avois tiré d'a-
bord mon acide , et qu'il étoit le résultat
des matières qui constituent l'acide de Schee-

le, je me résolus de l'examiner par forme d'amusement. Je le trouvai moulé dans le fond de la cornue, et formant un charbon léger et fort poreux. L'ayant bien ramassé, je le fis consommer sur l'air de ma forge dans une capsule de terre. Réduit en cendre grise, je le mis dans de l'eau pure que je fis chauffer. Je filtrai la lessive claire et blanche qui en sortoit; l'ayant évaporée, j'en obtins, par la cristallisation, plus de tartre vitriolé que d'alkali pur.

La terre restée sur le filtre se trouva être un mélange de terre calcaire et de cette terre végétale, dont j'ai fait mention ci-devant, en parlant du sucre. En traitant de la même manière le sel acide de Scheele, j'ai eu à peu près le même résultat.

Il faut observer que l'oseille n'est pas la plante qui fournit le plus de sel essentiel, quoique par son acidité on soit porté à croire le contraire. Nous en trouverons la preuve dans le peu de sel alkali qu'elle contient, vraie base des sels essentiels. C'est l'alkali qui, joint à l'acide et à l'huile de la plante, constitue ces sels, lesquels, unis eux mêmes à la partie aqueuse de la plante, forment

cette

cette matière gommeuse et savonneuse si connue sous le nom d'extrait. Au tems de Stahl, de Neuman et de Juncker, on ne croyoit rien de cela ; puisque le phlogistique étoit regardé comme le principe générateur de cette substance saline au moment où l'on brûloit cette matière où la plante qui la contenoit. Quoique ces prétendus nouveaux chymistes aient eu l'occasion de se convaincre que l'alkali se trouve tout formé dans les plantes, et qu'il y croit par la végétation comme les autres principes, ils ne sont pourtant pas éloignés de penser que le sentiment de Stahl à cet égard est véritable ; mais, comme à l'ordinaire, ils veulent substituer au principe de Stahl leur oxigène. Il n'y a pourtant pas à l'égard des sels dont nous parlons des plantes qui ne nous présentent quelque différence.

Dans l'oseille, du moins dans celle de la grande espèce que nous avons employée, l'acide, comme nous l'avons vu, excède de beaucoup la quantité qui doit former ce sel ; ou, pour mieux dire, il y a une partie qui y est surabondante, et que l'on peut en extraire sans décomposer le sel essentiel.

S

## Du prétendu acide du tartre de Scheele.

Le tartre, qui est aussi un sel essentiel végétal dont , Scheele et les pneumatistes ont donné des idées si opposées à celle que j'en ai données ainsi que les vrais chymistes, en le présentant avec vérité comme un sel avec excès d'acide du règne végétal, mérite d'autant plus de nous arrêter ici qu'il semble venir à l'appui de la doctrine des acides des chymistes pneumatistes ; qui, comme nous venons de le voir, confondent toujours les vrais acides qui sont purs et simples avec ceux qui sont engagés dans des bases grossières et paplables, et qui, n'y étant pas entièrement neutralisés, manifestent quelques propriétés des acides purs.

Je ne répéterai pas ici ce que j'ai dit du tartre dans mon *Traité de la dissolution des métaux,* où j'ai considéré cette substance comme un composé d'acide marin, d'huile, de terre et d'alkali fixe. Nous avons vu dans une note que M. l'abbé Fontana réjette tout ce que j'ai dit sur cette matière dans mon *Traité de la dissolution des métaux,* relativement à la nature de son acide, et qu'il prétend que je me suis fait illusion, par une créme de tartre qui étoit imbibée de sel marin ; et que bien loin que l'acide du tartre soit tel que je l'ai dit, et bien loin encore qu'il soit fixe et aussi fort que l'est l'acide marin, il pense, au contraire, que cet acide est semblable en tout aux autres acides végétaux ; qu'il est léger et foible, et très-susceptible de se décomposer ou de se réduire en air. Je pourrois bien faire voir ici, puisque j'en ai l'occasion, que l'acide du tartre n'est pas tel que M. l'abbé Fontana l'a désigné, et qu'il se trompe lui-même en tout, et même qu'il devoit être trompé, puisqu'il n'a fait ses expériences que comme les chymistes pneumatistes les font, c'est-à-dire, d'une manière illusoire qui présente en presque toute occasion à peu près les mêmes résultats.

Au surplus, on peut passer facilement de telles erreurs à de pareils chymistes, qui s'écartent sans cesse de la chymie véritable et analytique, et qui, comme nous l'avons dit, confondent les matières salines acides avec les acides purs et simples ; mais

on ne sauroit passer à Scheele de commettre
de telles confusions, et de croire que parce
qu'une matière est acide, elle est entièrement
un acide ; en quoi malheureusement il a favo-
risé les idées des chymistes pneumatistes,
et a donné à leurs erreurs une sorte d'au-
thenticité, qui a influé sensiblement sur le
sort de la chymie, et a détourné de bons
esprits d'ailleurs, de suivre la vraie route
de la chymie, tels que Bergman et Morveau ;
qui, quoique l'un et l'autre fort nouveaux
dans la chymie au moment où Scheele tra-
vailloit, avoient pourtant assez de connois-
sances pour savoir distinguer au moins les
sels avec excès d'acide d'avec les acides purs
et simples.

Mais l'erreur de Scheele paroîtra bien plus
frappante encore si l'on fait voir que son
sel acide du tartre, qu'il prend pour le véritable acide du tartre, est aussi pur qu'il
puisse l'être, est précisément le plus impur
que l'on puisse retirer du tartre. Cela seul ne
prouveroit-il pas que ce chymiste suédois
n'avoit aucune idée véritable de la nature et
du caractère des acides, et qu'il ne connoissoit pas plus que les pneumatistes la classe

des acides , et ne savoit pas plus qu'eux les distinguer des acides purs. Il est au moins très-blamable de n'avoir pas comparé l'acide qu'il ne tenoit qu'à lui d'obtenir de la distillation du tartre avec son prétendu acide tartareux.

Il faut encore blâmer Scheele d'avoir eu le même défaut que les prétendus nouveaux chymistes : celui de juger toujours de l'état des corps par l'apparence , et de ne pas les analyser pour voir ce qu'ils sont véritablement, ou de confirmer par la démonstration, ce qu'ils croyoient fermement sur l'apparence, ou par quelques-unes de leurs propriétés. Il est pourtant depuis long-tems démontré en chymie, que sans l'art de l'analyse on ne peut être sûr de rien, et que sans son secours on doit tomber dans des erreurs très-grossières, comme l'ont fait véritablement tous ces prétendus chymistes.

96e. Pour obtenir le sel acide de Scheele, j'ai pris une livre de crême de tartre réduite en poudre, que j'ai mise dans un vaisseau de verre avec une suffisante quantité d'eau de pluie. Ce vaisseau ayant été enfoncé dans le bain de sable, je l'ai fait chauffer jusqu'à ébulition ; alors j'y ai versé peu à peu de la craye réduite en poudre fine, en remuant continuellement jusqu'à ce qu'il ne s'y est plus fait d'effervescence, et que la liqueur est restée tranquille. Cela étant, j'ai jeté le tout sur un filtre préparé à cet effet. Il a passé une liqueur saline jaunâtre mais fort claire. Il est resté sur le filtre un précipité très-volumineux dans lequel je devois trouver l'acide du tartre de Scheele.

Avant d'aller plus loin, il est nécessaire d'observer ce qui se passe dans cette opération. C'est malheureusement ce que Scheele n'a pas plus fait que les nouveaux chymistes ; et c'est ce qui étoit néanmoins, il me semble, fort nécessaire ; non-seulement pour se rendre compte de ce qui s'étoit véritablement passé dans cette opération, mais même pour savoir au juste pourquoi tout l'acide du tartre ne se retrouve pas dans ce résidu comme Scheele le faisoit entendre. C'est ici une occasion favorable de faire voir que, malgré le respect outré des nouveaux chymistes pour Scheele, comme leur avant montré le chemin de leur prétendue nouvelle chymie, quelques-uns d'entr'eux n'ont pas laissé de faire voir que Scheele n'avoit pas connu entièrement les effets de l'opération qu'il décrivoit. On voit, entr'autres, plusieurs chymistes allemands reprendre le chymiste suédois sur cet article; tant l'expérience est un bon maître qui rétablit toujours la vérité. Le cit. Fourcroy lui-même, qui copie le passage de ces chymistes qui se trouve dans le *Journal de Créel*, dit formellement qu'il y a une portion de l'acide du tartre qui reste combinée avec l'alkali qui a passé dans la liqueur; ce qui forme un sel neutre connu depuis long-tems en chymie, sous le nom de sel végétal. Ce dernier chymiste, à la vérité, dans sa *Somme chymique nouvelle*, ne dit pas cela, et semble même ignorer cette vérité reconnue depuis long-tems par le travail de Gross et de Duhamel sur le tartre. Au contraire, il fait entendre que ce n'est qu'une portion même du tartre non décomposée qui est restée combinée avec la portion de l'alkali résultante de la partie du tartre véritablement décomposée restée sur le filtre. En un mot, que ce n'est que de la crême de tartre pure et simple, qu'en son langage sublime il appelle acidule du tartre ; et son union avec l'alkali fixe, toujours conformément à leur savante et très-juste nomenclature, tartrite de potasse. Cependant il devoit s'appercevoir que si l'on jette un acide dans cette espèce de sel neutre, on n'en sépare pas de la crême de tartre comme cela devroit être dans l'hypothèse dont nous parlons ; bien loin de là, on voit que l'acide s'y combine purement et simplement, parce qu'il se joint à celui qui constitue ce sel. C'est une remarque déja faite depuis long-tems par plusieurs chymistes, et notamment par les célèbres Margraf et Rouelle le cadet, lorsqu'il s'attachèrent à prouver la préexistence de l'alkali fixe dans le tartre ; mais toutes ces utiles observations ne sont rien aux yeux de cette nouvelle espèce de chymistes, qui ne tiennent compte d'aucune chose de ce qu'ils appellent l'ancienne chymie, dès qu'elle ne tend pas à confirmer ou appuyer quelqu'une de leurs idées. Cependant les vrais chymistes dont nous parlons n'avoient pas porté encore leur attention sur la nature où l'état même de cet acide qui reste combiné avec l'alkali dans la liqueur, ni par conséquent expliqué pourquoi il n'y a pas de précipité lorsqu'on verse un acide sur la dissolution de ce sel : nous tâcherons dans la suite de cet article d'y suppléer.

Ce que nous venons de dire fait déja préjuger que le tartre est décomposé dans cette opération, ou qu'il s'y passe quelque chose de fort extraordinaire. C'est ce qu'on avoit apperçu dès les premiers tems de la chymie ; mais ces effets paroissoient si compliqués et si embrouillés, que même jusqu'à ces derniers tems, on n'a pas su les développer parfaitement. Pour cela il falloit connoître le tartre, et on ne le connoissoit pas assez ; on savoit seulement que c'étoit un sel essentiel avec excès d'acide, et, d'après Margraf, qu'il y existoit de l'alkali fixe tout formé. L'effet que nous voyons produire ici par la craye sur le tartre, est absolument le même que celui que produit le fer sur cette même substance. Dans l'un et dans l'autre cas, l'acide en excès dans le tartre, en se portant sur ces substances et en les dissolvant, dérange l'organisation de cette matière saline. Une très-grande partie de l'acide du tartre enveloppé par la terre et l'huile reste sur le filtre, tandis que la partie la plus pure reste combinée avec l'alkali fixe, et forme, comme de raison, un sel très-dissoluble : c'est ce que j'ai expliqué ou tâché d'expliquer dans mon *Traité de la dissolution des métaux*. Macquer, qui, à force de simplifier les choses, rejetoit tout ce qui ne s'accordoit pas avec sa théorie, avoit été encore plus éloigné de voir la vérité ici, jusqu'au moment que Scheele publia ses expériences sur cette matière. Cependant si on y fait quelque attention, on verra que bien loin d'avoir acquis par le travail de ce chymiste de nouvelles lumières sur la nature du tartre, et sur ses effets dans les opérations dont nous parlons, on y voyoit la chose plus embrouillée que jamais, parce que d'ailleurs Scheele n'explique rien et n'analyse rien, comme à son ordinaire.

A la vérité, dans les deux procédés dont nous parlons, il y a quelques différences à observer, et même ces différences sont fort remarquables. L'acide sur-abondant au tartre est tout de suite absorbé par la craye, et encore plus vite par l'alkali fixe ; ce qui fait que le tartre n'a pas le tems de se décom-

poser et qu'il entre en combinaison presqu'entièrement avec l'alkali fixe. Nous disons presqu'entièrement, parce qu'il est
très-véritable que dans ce cas là il y a une
petite partie du tarte qui est décomposée.
On le reconnoît par une quantité assez
considérable de précipité blanc qui blanchit
la liqueur dans le tems de l'effervescence,
et qui reste sur le filtre. Il ne faut donc
pas s'attendre à retrouver dans cet alkali le
tartre tel qu'on l'a employé, comme Macquer le dit; ce qui forme ce sel si connu en
médecine, sous le nom de sel de Seignette
quand on a employé l'alkali minéral. Lorsqu'on fait, au contraire, bouillir le tartre avec
ce fer en limaille, ce n'est que long-tems
après qu'on s'apperçoit de l'effet dont nous
parlons par l'énorme précipité qui se forme
Scheele auroit pu également trouver son
acide du tartre dans ce précipité, s'il avoit
voulu l'y chercher, ou s'il avoit voulu comparer ce précipité avec celui opéré par la
craye.

Il est facile maintenant de voir que ce
n'est pas parce que l'acide du tartre a plus
d'affinité avec la craye qu'avec l'alkali fixe,

comme l'a prétendu Scheele, et ensuite Bergman , Fourcroy, et toute la tourbe des nouveaux chymistes , écho ignorant des faits,
ou trop supersticieusement attaché à ces prétendus grands maîtres , pour oser franchir
les bornes que le respect pour eux semble
leur avoir imposé.

Mais, s'il falloit établir des degrès d'affinité d'après des apparences aussi illusoires , peut-être trouverions nous encore plus
de raison d'établir que l'acide du tartre a
plus d'affinité avec le fer qu'avec la craye , et
même qu'avec les alkalis , puisqu'il est prouvé que cette substance métallique dépouille
le tartre, en bouillant avec lui , d'une plus
grande quantité des matières avec lesquelles il est combiné, et le rapproche plus de
lui-même , comme je l'ai démontré dans
mon *Traité sur la dissolution des métaux.*
Mais nous verrons encore plus loin d'autres preuves du peu de fondement d'une
telle prétention , et combien Scheele et Bergman se décidoient légèrement pour établir
une telle préférence. C'est pourtant sur un
pareil fondement que le cit. Fourcroy assure
dans sa *Nouvelle Chymie ,* je ne sais d'après

quel chymiste allemand aussi peu observateur que lui, que lorsqu'on fait bouillir le tartre avec de la chaux vive elle s'empare totalement de l'acide du tartre, en exerçant sur cette substance une affinité encore bien plus grande que la craye, et laisse l'alkali seul dans la liqueur : ce qui seroit une manière très-commode de décomposer le tartre et d'obtenir promptement son alkali. Il n'y a pas de chymiste qui ne voulut, pour sa très-grande commodité, se servir de ce procédé ; et ce seroit alors un des plus importans services qu'on auroit rendu aux arts qui emploient l'alkali. Mais nous verrons plus loin ce qu'il faut croire d'une telle assertion.

Reprenons maintenant la marche de notre examen ; observons d'abord que cette prétendue affinité, plus grande de l'acide du tartre pour la craye et la chaux que pour les alkalis, n'a de fondement chez ces chymistes que par rapport à l'espèce de décomposition du tartre qu'occasionne la craye ou la chaux, en s'emparant d'abord de la matière huileuse du tartre. C'est par-là qu'on peut trouver la raison pourquoi il y a une portion d'acide du tartre qui reste combinée dans cette terre ; car on doit savoir que c'est une propriété bien reconnue dans toutes les huiles et matières grasses, d'envelopper tellement les matières salines, qu'elles les empêchent de se dissoudre dans l'eau. C'est là où Scheele auroit pu trouver le moyen de résoudre le problême qui l'occupoit tant, et qui lui faisoit croire que la matière saline qui résultoit de la combinaison de son acide du tartre avec la craye, étoit assez extraordinaire pour ne pas se dissoudre dans l'eau, même à la manière des sels qui s'y dissolvent le plus difficilement ; ce qui lui faisoit regarder ce sel comme une espèce de merveille en chymie. C'est encore une chose à remarquer qu'il n'y a pas une seule matière qu'on fasse bouillir avec le tartre qui agisse sur cette matière précisément comme une autre. Toutes y agissent en vertu de leur différence et de leur plus ou moins grand degré d'activité, ou selon que l'acide du tartre a plus ou moins d'action sur elles.

Peut-être n'est-il pas déplacé de parler à cette occasion de l'effet que produit sur le tartre le verre, ou ce qu'on appelle foie d'antimoine. L'expérience montre aussi que le tartre se décompose lorsqu'on le fait bouillir long-tems avec ces matières antimoniales. Voilà pourquoi Rouelle l'aîné et d'autres chymistes, qui, sans doute, s'étoient apperçus de cet effet sans en deviner la cause, recommandent, pour faire ce qu'on appelle en médecine le tartre émétique, de ne pas laisser bouillir long-tems le tartre avec ces préparations antimoniales. Et Baumé, qui a fait aussi quelques obervations sur cette opération, remarque qu'à la fin des évaporations des eaux pour retirer le tartre émétique, on trouve dans le résidu, ou ce qu'on appelle eau-mère, du soufre provenant de ces préparations antimoniales. Il auroit pu y trouver aussi de l'alkali, et d'autant plus abondamment, qu'on auroit fait bouillir davantage le mélange de ces préparations avec le tartre. Il s'en faut pourtant bien que la décomposition du tartre s'opère à cette occasion aussi promptement qu'avec le fer : pourquoi cela ? parce que l'acide du tartre n'agit pas aussi facilement sur l'antimoine que sur le fer.

Il en est à peu près de même aussi avec

la chaux de mercure, comme je l'ai démontré dans le quatrième vol. de l'académie de Turin. Là-dessus le cit. Fourcroy observe dans sa *Chymie*, que cette sorte de combinaison forme un sel neutre double, ce qui est une vérité que personne ne pourra contredire. Car il est bien visible que la portion que l'alkali du tartre a dégagée de ses entraves, reste combiné avec la portion de l'acide du tartre qui est aussi devenue libre, et qui ne s'est pas combinée avec la substance métallique.

97<sup>e</sup>. Après avoir obtenu tout mon sel végétal, bien cristallisé en fort beaux cristaux, et qui étoit de la moitié à peu près de la pesanteur de la crême de tartre que j'avois employée (1), je le divisai en deux parties égales. J'en mis une réduite en poudre dans une cornue de verre, et je versai dessus un tiers à peu près d'acide vitriolique concentré, ou ce qu'on appelle huile de

_________________

(1) Il est certain que cette manière d'obtenir ce sel, la plus simple, la plus économique, mériteroit bien qu'on s'y arrêtât, et qu'on lui donnât la préférence à toutes les autres.

vitriol.

vitriol. Cet acide échauffa un peu ce sel. Il s'en éleva même quelques légères vapeurs, et il s'y fit un petit gonflement. Mais il s'en fallut bien que ces effets fussent comparables à ceux que ce même acide produisit sur le sel qui résulta de la combinaison du tartre avec le fer dont je viens de parler. J'ai déja fait remarquer que dans cette dernière circonstance, le même acide fait élever beaucoup de vapeurs, à l'instant même où il touche au sel, et qu'il en distille un acide à un petit degré de chaleur, qui n'est pas extrêmement chargé d'huile. Au lieu que le sel dont je m'occupe actuellement, ne me fournit, après avoir éprouvé un grand degré de chaleur au bain de sable, qu'un acide très huileux. Il laissa dans la cornue un résidu très-charbonneux, qui, ayant été consommé dans un têt sous la moufle d'un fourneau de Coupelle, laissa quelque peu de cendre avec un peu de tartre vitriolé.

Ces effets qui me faisoient croire que ce sel n'étoit pas fort différent de ceux que la crême de tartre même produiroit, étant traitée de la même manière, me donnèrent lieu de comparer l'un avec l'autre. Mais j'y trouvai une grande différence, car ce ne fut qu'après un plus grand feu encore que je vis que l'acide vitriolique agissoit sur la crême de tartre. Il la noircit d'abord, ainsi que Pott le rapporte dans la *Dissertation* où il traite du tartre.

98e. Je pris ensuite l'autre partie de mon sel ; l'ayant fait dissoudre dans de l'eau distillée, je versai dessus peu-à-peu de la dissolution mercurielle. Il s'y fit aussitôt un précipité blanc fort abondant, qui ressembloit assez à du lait caillé, et qui devint fort tenace au fond du vaisseau. Ce précipité, qu'on pourroit peut-être employer avec avantage en médecine, comme tenant le mercure très-divisé, ayant été lavé et séché, fut exposé en sublimation au bain de sable ; mais il ne se sublima pas comme je l'espérois ; en quoi encore il différa fort de celui que m'avoit donné le sel qui résultoit de l'ébullition de la crême de tartre avec le fer. Le mercure, au lieu d'être uni avec l'acide du tartre, se trouva dispersé en petits globules dans le goulot de la bouteille. Le résidu qui se trouva au fond du vaisseau étoit très-noir, très-charbonneux, et très-

empireumatique. Cette manière de se comporter de cet acide, enveloppé encore, pour
ainsi-dire, par l'huile, pouvoit faire croire
qu'il n'y avoit pas une très-grande différence entre lui et la crême du tartre. Mais
la comparaison que je fis ensuite entre l'un
et l'autre, me montra encore qu'il y avoit
une très-grande différence entre ces matières. J'ai fait voir, dans le mémoire que j'ai
ctié ci-devant, qu'à la vérité le mercure est
précipité de son dissolvant par la crême de
tartre même dissoute dans l'eau ; mais j'ai
fait voir en même-tems qu'il n'y a que peu
de mercure précipité proportionnellement
à la quantité de la crême de tartre, et que
l'union qu'il y a entre l'un et l'autre est très-
légère ; au lieu que dans ce cas ci l'union
du mercure avec l'acide du tartre est beaucoup plus forte : il y a plus de mercure d'u-
ni à cet acide. Il faut encore remarquer que
cette matière saline mercurielle est un peu
plus soluble dans l'eau que celle que j'ai ap-
pelée tartre mercuriel.

Ces différences ne permettent donc pas
de confondre ces matières, et de les regarder comme si elles étoient les mêmes. Et

comment pourroit-on le faire, puisque ces matières diffèrent si fort d'ailleurs, quand à leur manière d'être ? En effet, le tartre mercuriel n'est que la crême du tartre même, et plus une très-petite quantité de mercure qui est uni à son excès d'acide ; au lieu que la matière saline dont nous parlons ici, résulte de la décomposition totale du sel végétal opéré par la dissolution mercurielle, c'est-à-dire, par le jeu double des affinités, lequel a lieu parce que l'acide nitreux, qui tient le mercure en dissolution, s'empare de l'alkali, tandis que l'acide du tartre, tout uni qu'il est à l'huile, s'unit au mercure. Aussi trouve-t-on dans l'eau, après en avoir enlevé le précipité mercuriel, c'est-à-dire, l'union de l'acide du tartre au mercure, un vrai sel de nitre ; tandis qu'on n'en trouve pas dans le résidu résultant des eaux où l'on a précipité le mercure par la crême de tartre dans son état naturel.

On voit donc que l'union du mercure avec l'acide du tartre est toujours relative à son plus ou moins de pureté, et que c'est l'huile qui fait de l'acide du tartre une espèce de bitume, qui empêche cette union intime. Comment peut-on dire après cela qu'on connoît parfaitement l'acide du tartre , puisqu'on ne le voit toujours que sous une enveloppe huileuse plus ou moins considérable ?

Enfin , c'est dans la craye que nous avons fait bouillir avec le tartre , resté en dépôt sur le filtre , et que nous avons lavé à plusieurs reprises , que nous devons trouver , selon Scheele , le véritable acide du tartre. Ses admirateurs , tel que le cit. Fourcroy , ne manquent pas d'appercevoir là une vérité aussi incontestable qu'admirable. Ce prétendu fait seroit vraiment admirable s'il étoit tel que ces chymistes ont la bonne foi de le croire. Sur cela le cit. Fourcroy , dans la nouvelle édition de sa *Somme chymique* , donne quelque détail sur cette matière , qui , loin de rectifier l'erreur de Scheele , la fortifieroit , au contraire , si on avoit la simplicité de s'en rapporter à lui. Nous avons dit ci-devant que cette substance saline , quoiqu'acide , n'étoit pourtant pas la plus pure de ce sel , c'est-à-dire , qui se rapprochât le plus de la simplicité de l'acide : il s'en faut bien. C'est maintenant le tems de vérifier cette assertion. Nous observerons d'abord que cet acide diffère de celui qui reste combiné dans l'alkali, en ce qu'il ne forme pas comme lui un sel distinct et qui se cristallise, ce qui ne peut venir que de ce qu'il est uni à une grande quantité de terre et à tous les débris du tartre de l'huile, qui ne lui permettoit' pas de prendre une forme saline : ce n'est, à proprement parler, qu'un peu d'huile uni à une grande quantité de matière terreuse et huileuse, que l'eau ne peut plus en détacher.

99<sup>e</sup>. Pour donc obtenir le sel acide de ce résidu crayeux, je l'ai traité comme l'indique Scheele; c'est-à-dire, que je l'ai fait bouillir avec de l'huile de vitriol dans les mêmes proportions qu'il l'indique, et avec la même quantité d'eau distillée nécessaire pour étendre suffisamment ce mélange, et en prenant les mêmes précautions que prend ce chymiste, pour qu'il ne reste pas d'acide vitriolique en excès dans ce mélange. Ce dépôt augmente considérablement par la formation de la sélénite, c'est ce qui nécessite l'emploi d'une grande quantité d'eau pour le laver, et emporter le sel acide dégagé de la craye par l'acide vitriolique. Le tout ayant été versé sur un filtre, il passa une eau saline, citrine et acidule. Ayant fait évaporer toute cette eau dans une capsule de verre exposée au bain de sable, j'en obtins, en différentes fois par la cristallisation, un sel jaunâtre en petits cristaux aiguillés. Ce sel, très-acide, fut exposé sur du papier brouillard, où il se dessécha en perdant une partie de sa couleur. Je reconnus par-là que ce sel n'attire nullement l'humité de l'air, comme je l'avois crus d'abord, et comme je devois le croire en le considérant comme un acide pur ; car c'est, comme on sait, une propriété commune à tous les acides ; et il faut convenir que les nouveaux chymistes ont là-dessus de singulières idées des acides, en n'y reconnoissant pas cette propriété, et en ne l'admettant pas comme une marque essentielle de leur pureté.

Ce sel acide, après avoir été exposé ainsi sur le papier brouillard, se trouva très pur ; il étoit même transparent, et craquoit sous la dent à peu près comme l'alun, et se dissolvoit à peu près de même dans l'eau; il avoit le goût vitriolique, quoique j'eusse pris toutes les précautions pour qu'il ne contint pas de cet

acide. Malgré que j'eusse pris toutes les précautions imaginables pour obtenir le plus
possible de ce sel, je n'en eus pourtant pas
au-delà de trois gros, d'une assez grande
quantité de matières ; ce qui est bien peu de
chose, eu égard à la quantité de crême de
tartre que j'avois employée ; ce qui fait voir
suffisamment que ce n'est pas-là à beaucoup
près la majeure partie de l'acide du tartre.
On le verra bien mieux encore quand nous
ferons remarquer que ce sel n'est pas de l'a-
cide du tartre pur, mais que c'est un composé ou plutôt un sel avec excès d'acide. C'est
au surplus ce qu'avouent quelques chymistes,
tel que le cit. Fourcroy, ou celui qui a écrit
son supplement ; car il y est dit que ce sel
se fond, se noircit et s'enflamme, même par
le contact des corps embrasés. N'est-ce pas
là dire que ce prétendu acide du tartre n'est
point pur ? et qu'il n'est, comme nous le
disons, qu'un acide engagé dans une base
huileuse et terreuse ? Il est vrai que ce chymiste ne parle pas de terre, mais c'est de
sa faute, car il pouvoit l'y découvrir comme moi. Il faut observer ici que ce chymiste, comme tous ceux de sa classe, ne fait

jamais des expériences au-delà du but qu'il se propose, ou , pour le dire en un mot, qu'il n'analyse jamais ses matières, et se contente de faire de très-petites expériences, comme de mettre un peu de ce sel sur les charbons ardens , et de juger par-là du tout. On en peut voir la preuve d'ailleurs dans la suite du passage dont nous parlons ; car il y est dit que ce prétendu acide pur du tartre exposé en distillation dans une cornue, ne donne qu'un phlegme acide. On peut voir aussi par ce passage la manière peu exacte dont ces chymistes envisagent les choses, et combien ils ont peu d'idées justes sur la nature des acides , puisqu'ils les regardent comme des composés de matières grossières et fort composées elles-mêmes. Si c'est de l'acide étendu dans de l'eau dont il s'agit ici avec un peu d'huile, comme cela est en effet, on conçoit qu'il est possible de l'obtenir en particulier et séparé de cette eau et de cette huile. Alors pourroit-on dire que cet acide n'est qu'un phlegme acide ou un gas comme s'expriment encore ces chymistes ?

100e. Pour voir ce qui en est véritablement,

j'ai mis la moitié de mon sel dans une petite cornue de verre, et je l'ai distillé de la
même manière que j'ai dit avoir distillé le
sel que j'avois obtenu de la liqueur restée
après avoir séparé le dépôt crayeux : il en
est monté un acide plus fort, moins huileux et moins aqueux, en un mot le véritable acide du tartre avec quelque peu d'huile
par dessus.

Cet acide, comme celui qu'on retire du tartre directement et qu'on sépare pareillement
de son huile, précipitoit le mercure et l'argent dissout dans l'acide du nitre : cet acide, en petite quantité, étoit d'ailleurs assez
fort pour n'être pas regardé comme un simple phlegme acide.

Il étoit resté dans la cornue un résidu
charbonneux noirâtre, et sentant fort le tartre brûlé. Ayant cassé ce vaisseau, je l'y
trouvai fortement incrusté. Je disposai de
telle sorte le fond de ce vaisseau, que je
pus faire brûler entièrement la matière charbonneuse sous la moufle d'un fourneau de
coupelle. J'en obtins une terre blanche insipide, qui n'étoit attaquée et dissoute que
très-difficilement par les trois acides miné-

raux. Nous allons voir ci-après ce que c'est que cette terre.

101e. Je pris l'autre partie de mon sel acide : l'ayant fait dissoudre dans de l'eau distillée, je versai dessus peu à peu de l'alkali fixe bien pur. Il s'y fit un précipité blanc fort considérable : ce qui me parut bien extraordinaire, et une confirmation de ce que j'avois apperçu dans le résidu dont je viens de parler. Je lavai ce précipité et je trouvai que c'étoit une belle terre blanche, d'une nature toute particulière, et telle que je l'avois déja remarqué dans les résidus de quelques végétaux, et telle aussi que je l'ai fait observer dans l'analyse du sucre et de l'oseille. Cette terre n'étoit pas plus soluble dans les acides. En ayant fait bouillir dans de l'acide vitriolique étendu d'un peu d'eau, je n'en obtins qu'un sel mou, sans forme déterminée et très-acide. Les acides marin et nitreux ne parvinrent pas mieux à dissoudre cette terre, et ils ne formèrent avec elle, en y étant par excès, que des matières salines sans consistance, surchargées de beaucoup d'acide.

L'eau dans laquelle j'avois précipité cette

terre par le moyen de l'alkali fixe , n'a pourtant pas donné un sel parfaitement pur ; c'est-à-dire, tel que l'acide du tartre, supposé qu'il eut été parfaitement pur, l'eut donné étant combiné avec l'alkali fixe. Ce sel étoit jaunâtre, terreux, et avoit un goût qui approchoit plus du sel marin fébrifuge de Silvius que de tout autre. L'acide vitriolique versé dessus en faisoit partir des vapeurs qui sentoient l'esprit de sel, et en même-tems quelque chose de tartareux. Ce sel craquoit entre les dents comme un sel parfaitement neutre.

C'est ici où il faut s'arrêter pour considérer une assertion de quelques nouveaux chymistes, tels que Bergman, Scheele, Morveau et Fourcroy. On sait que ces chymistes assurent qu'en versant quelque peu d'alkali fixe sur cet acide du tartre dissout dans l'eau, on réforme la crème de tartre sur-le-champ, qui se précipite en conséquence, et qu'en y ajoutant un peu plus de ce sel alkali, on en fait dans l'instant même un sel très-dissoluble, connu sous le nom de sel végétal, ou, comme s'expriment ces messieurs, *tartrite de potasse*. Une telle mé-

tamorphose charme trop l'esprit des chymistes, pour qu'ils ne soient pas portés
naturellement à y croire. Aussi voyons
nous que Scheele et Bergman y croyoient
fermement, et cela d'autant plus qu'elles
venoient à l'appui de leur prétention, et
qu'elles devoient confirmer leur opinion.
Mais malheureusement ils n'avoient pour
garant de cela que leur imagination. Ils ne
se mettoient d'ailleurs point en peine de
prouver cette assertion. En effet, dire simplement qu'une chose est, n'est pas prouver qu'elle est réellement. Nous avons vu
que cette mauvaise logique, adoptée aujourd'hui si généralement par tous les nouveaux chymistes, remplit la chymie d'erreurs
et de faussetés, que des siècles ne suffiront
peut-être pas à détruire. C'est dans cet esprit que nous avons vu Scheele soutenir
obstinement qu'il avoit régénéré les path
fluor, en saturant le prétendu acide spathique avec la craye. Nous en avons démontré la fausseté. Nous pouvons de même démontrer la fausseté de l'assertion dont
nous parlons. Nous voyons d'abord que l'esprit de Scheele, prévenu comme il l'étoit,

a pris le précipité terreux qui a lieu dans l'expérience dont il s'agit, pour une crême de tartre régénérée, comme il avoit pris le précipité qui se forme lorsqu'on jette de la craye dans l'acide spathique, pour un spath fluor régénéré. Voilà à quoi se réduira le mérite de l'affirmation avancée par le cit. Morveau, rapportée dans la chymie du cit. Fourcroy, en ces termes : *Voilà le complément de la démonstration de la nature du tartre.*

Mais c'est encore oublier ici un principe soutenu par les chymistes qui ont acquis le plus d'expérience; c'est qu'un corps naturel dérangé ou décomposé, ou même altéré dans sa composition, ne se rétablit jamais au même état. A qu'elle matière ce principe est-il plus applicable qu'au tartre? Nous l'avons vu successivement altéré ou décomposé par le fer, la terre calcaire et les sels alkalis ; et dans aucune de ces circonstances, non-seulement nous ne l'avons pas vu altéré de la même maniére, mais même nous avons vu qu'il étoit impossible de lui faire prendre après cela sa forme première. Les nouvelles expériences que nous avons faites sur le tartre par le moyen de

la chaux, vont encore confirmer ce principe.

C'est encore un passage de la chymie du
cit. Fourcroy qui m'a donné lieu de faire
ces nouvelles expériences. Le ton affirma-
tif ou la bonne foi, si on veut, de ce chymiste, étoit propre à séduire. Qui ne croiroit, en effet, en lisant ce passage, qu'il
n'y a pas la plus petite difficulté pour décomposer le tartre, et la plus petite différence entre la manière d'agir de la chaux
sur le tartre, et celle de la craye sur cette
même matière ? puisque ce professeur propose indifféremment de se servir de la craye
ou de la chaux pour obtenir l'acide tartareux de Scheele. La seule différence qu'il y
trouve est qu'en se servant de la chaux on
obtient beaucoup plus de cet acide, qu'en
employant de la craye. Car la chaux, dit-il,
s'empare de *tout l'acide du tartre, le décompose totalement, et ne laisse dans l'eau où
l'on a fait bouillir l'un et l'autre que le sel
alkali pur et simple du tartre;* tandis que,
ajoute-t-il, le précipité resté sur le filtre
contient tout l'acide du tartre. C'eut été là,
sans doute, une très-belle opération, et très-

favorable à ceux qui auroient voulu obtenir de l'alkali fixe très-promptement et à bon marché; car qu'y a t-il de plus simple, de plus aisé et de moins dispendieux que de faire bouillir du tartre avec de la chaux? Mais on va voir ce qu'il faut croire des belles promesses de ce chymiste, ainsi que de ses adhérens. On va voir aussi avec qu'elle facilité on s'accoutume à croire des choses même les plus extraordinaires dès qu'elles s'accordent avec nos principes; surtout quand ces mêmes choses ont été avancées par des hommes qui se sont fait une grande réputation.

102e. J'ai pris une demi-livre de crême de tartre réduite en poudre; l'ayant fait dissoudre dans une suffisante quantité d'eau, j'ai jeté dessus, à plusieurs reprises, à peu près quatre onces de chaux vive, réduite aussi en poudre : ce mélange n'a produit aucune effervescence, comme de raison; la combinaison devoit se faire paisiblement. Bientôt cependant il s'y fit entendre un bruit sourd. Ce mélange prit une couleur jaunâtre, en répendant une odeur de lessive alkaline. Mis sur la langue elle manifesta en

effet

effet un goût doux de lessive alkaline. Je crus alors l'expérience annoncée complette ; c'est-à-dire, que l'alkali étoit séparé entièrement des autres parties du tartre. Ayant préparé un filtre je jettai le tout dessus. Mais quoique ce mélange fut étendu dans une suffisante quantité d'eau, je vis que la liqueur ne passoit que très-difficilement, qu'elle étoit épaisse et gluante, tandis que celle qui provenoit du tartre et de la craye, bouillis ensemble, passoit très-promptement ; c'est que dans cette dernière circonstance le tartre étoit moins altéré. Ce qui s'accorde avec la manière de voir des chymistes dont nous venons de parler.

Au bout de vingt-quatre heures cependant, toute ma liqueur fut passée, et il ne resta sur le filtre que très-peu de résidu, lequel étoit tenace et colloit entre les doigts comme une véritable gomme. En repassant de l'eau chaude sur le résidu, je le diminuai encore beaucoup ; ce qui fait voir qu'il étoit dissoluble jusqu'à un certain point, et que la matière dissoute dans l'eau ne différoit pas de celle-ci. Dès-lors je la voyoit fort différente de ce qu'en avoit dit Scheele et ses adhérens.

103e. Cette liqueur, qui étoit fort jaune, fut divisée en deux parties égales, et m'étant apperçu que les acides y produisoient un précipité fort abondant, que ce précipité étoit tenace, et ressembloit à du lait caillé, lequel se colloit contre les parrois du verre avec tant de force que j'avois beaucoup de peine à l'en détacher, je versai dans l'une de ces deux parties autant d'acide vitriolique, fort aqueux, qu'il en falloit pour y produire tout le précipité que j'en pouvois espérer. Lorsque cela fut fait, je jetai le tout sur un filtre, et j'y passai de l'eau chaude à plusieurs reprises. Il y resta une terre fort blanche, et qui n'étoit pas fort tenace. On voit que c'est ici justement l'inverse de ce qui se passe dans le sel acide du tartre séparé du résidu crayeux, par l'acide vitriolique, qui, étant dissout dans l'eau, se décompose par le moyen de l'alkali fixe.

104e. Mais il s'agissoit de savoir ce que c'étoit que cette terre, et pour cela j'en mis une certaine quantité avec de l'acide nitreux,

qui la dissolvit avec une vive effervescence.
Ayant filtré cette dissolution, je versai dessus de l'acide vitriolique, qui y produisit
sur-le champ un précipité fort abondant,
par où je conclus que ma terre n'étoit autre chose qu'une portion de la chaux même
que j'avois fait bouillir avec mon tartre.

105e. Alors je pris l'autre partie de ma liqueur, je la fis évaporer au bain de sable
dans une capsule; mais au lieu de me donner une matière saline comme je m'y attendois, je n'en eus qu'une matière tenace, transparente, et tout à fait semblable à de la gomme arabique. Et bien loin quelle se fit connoître pour une matière alkaline, ou un sel alkali engagé dans quelque matière, elle en
sembloit plus éloignée qu'elle ne me le parut
lorsqu'elle étoit étendue dans l'eau.

Cette matière mise sur la langue n'y faisoit pas d'autre impression que celle qui y
feroit de la gomme arabique, qui seroit em-
preinte d'un tant soit peu d'alkali. Et ce qu'il
y a de bien remarquable encore, est que
cette matière se comportoit de la même manière à peu près que les gommes; elle blan-

chissoit l'eau, et la faisoit mousser comme elles.

106e. Quand j'eus fait ce petit essai, je mis toute ma matière dans un creuset, que j'exposai entre les charbons ardens. Elle s'y comporta à peu près comme du tartre pur : mon laboratoire fut rempli dans le moment de l'odeur tartareuse. Il s'éleva du creuset des vapeurs très-épaisses, et telles qu'en donne le tartre cru. La matière s'enflamma de même. Je la poussai jusqu'à ce qu'elle fut réduite en cendre. Cette cendre faisoit une forte effervescence avec les acides ; mais à peine le sel alkali y étoit-il sensible. Il étoit donc visible que la terre ou cendre abondoit beaucoup plus dans ce résidu que l'alkali. L'ayant lessivé, je vis avec surprise que la terre en faisoit plus des trois quarts ; et je ne pouvois attribuer une partie de cette terre qu'à la chaux même qui s'étoit combinée avec le tartre, de laquelle chaux nous venons de démontrer l'existence dans la matière gommeuse par le moyen des acides.

Il paroit donc évident, d'après tout ce que nous venons de rapporter, qu'en faisant

bouillir de la chaux avec le tartre , on décompose en partie cette matiére , mais d'une
autre manière que par la craye. On voit bien
visiblement que la chaux se combine avec l'a-
cide du tartre beaucoup plus fortement que
la craye ; tandis qu'une autre partie de cette
terre calcinée se joint à l'huile , et que le tout
reste confondu ensemble , en l'état que nous
venons de le voir. On ne peut douter , en
effet , que les choses soient ainsi , puisque
nous voyons qu'un acide rompt cette union
en se combinant avec l'alkali du tartre , et
en précipite la terre ; ce qui me fut démontré clairement par la liqueur dans laquelle j'a-
vois fait précipiter cette terre, laquelle, ayant
été évaporée suffisamment , me donna du tartre vitriolé ; m'étant servi , comme je l'ai dit,
de l'acide vitriolique pour faire cette précipitation.

En supposant néanmoins que les choses
ne fussent pas telles que je les rapporte , il
n'en seroit pas moins certain que l'on ne
peut pas obtenir du tartre par le procédé
dont nous venons de parler l'alkali pur est
net, tel que le professeur Fourcroy le dit dans
son admirable et véridique livre. C'est-là

encore une preuve assez sensible de la légéreté de cette espèce de chymistes, et du peu
de soin qu'ils apportent à s'assurer de la vérité.

Cependant, en faisant attention à plusieurs
singularités que me présentoit cette espèce
de décomposition du tartre par la chaux, et
sur-tout en voyant l'énorme différence qu'il
y a entre les phénomènes annoncées et ceux
que j'ai remarqués, parmi lesquels est celui
du précipité abondant qu'on forme l'orsqu'on
verse un acide dans la lessive ; en faisant
attention, dis je, à tout cela, je devois chercher à reconnoître, mieux que je n'avois fait
d'abord, la cause de ce singulier phénomène.
En conséquence je répétai l'expérience dont
je viens de parler A cet effet j'employai les
mêmes quantités de tartre et de chaux vive.
Les phénomènes furent les mêmes. Je passai
sur le résidu resté sur le filtre autant d'eau
chaude, qu'il en falloit pour en emporter
tout ce qui étoit dissoluble ; et il ne resta à
la fin que les parties grossières de la chaux et
du tartre qui n'étoient point unies ensemble.

On voit donc encore bien clairement par-
là que la combinaison prétendue de l'acide

du tartre avec la chaux, ne fait point une combinaison ou sel de très-difficile dissolution, comme on se le persuaderoit d'après la théorie de Scheele, qui n'a porté un tel jugement qu'en voyant le volumineux dépôt qui restoit sur le filtre. Mais nous allons voir la preuve que la chaux reste combinée avec le tartre, laquelle lui donne de la solubilité ; car lorsque cette terre en est séparée une fois, par quelque moyen que ce soit, elle n'est pas plus soluble que le résidu de la craye qui a bouilli avec le tartre.

Ayant apperçu que l'eau froide, versée en très-grande quantité sur ce dépôt, le blanchissoit, le divisoit beaucoup, et en faisoit rester une plus grande quantité sur le filtre qu'une moindre ; je crus appercevoir alors qu'il y avoit une sorte de décomposition de cette matière, que j'attribuai à ce que l'action de la terre de la chaux affoibli par cette grande quantité d'eau, ne pouvoit plus rester unie au tout, et qu'elle s'en s'éparoit, en emportant avec elle, sans doute, l'aeide du tartre, que nous avons supposé ci-devant lui être unie.

Cette conjecture fut pour moi d'une grande conséquence ; car en m'y attachant je parvins , comme on va voir , à développer la vérité , et à mieux connoître que je n'avois fait , le véritable état de ma matière.

107°. Je versai alors sur une partie de la liqueur qui avoit passé par le filtre , beaucoup d'eau de pluie bien pure et bien nette. Je vis en effet que je ne m'étois pas trompe. Elle devint blanche peu-à-peu , et épaisse comme du lait. Cette singularité me frappa d'autant plus , qu'il m'avoit paru d'abord qu'il n'y avoit que les acides qui, en s'emparant de l'alkali , avoient la faculté de séparer cette terre , et de la faire précipiter. C'est ce dont je voulus m'assurer par une expérience de comparaison. A cet effet je mis dans deux verres égaux la même quantité de ma lessive , et je versai dans l'un comme dans l'autre la même quantité d'eau; mais je versai de plus dans l'un quelques gouttes d'acide , alors le précipité devint infiniment plus grand et plus épais. C'étoit , ainsi que je l'ai dit , un caillé fort épais , tandis que l'autre étoit seulement d'un beau blanc uniforme , et comme une gelée demi-transparente.

On voit donc par-là que pour faire tenir la terre de la chaux dissoute dans la
liqueur, il faut que cette liqueur soit concentrée jusqu'à un certain point : elle est
alors fort épaisse, et l'on conçoit maintenant pourquoi elle l'est, car on voit bien
clairement que l'union de cette terre avec
les débris du tartre principalement avec son
alkali, n'est que fort légère. Mais pourquoi,
me dira-t-on, cette union légère a-t elle lieu ?
La réponse à cette question peut se faire,
nous semble, fort facilement, en faisant observer que c'est un effet ordinaire de la chaux
vive de s'unir aux alkalis, et de ne pas simplement s'emparer de l'air acide comme les
nouveaux chymistes le croient, ne jugeant
presque jamais que sur les seules apparences. En faisant bouillir la chaux vive avec
de l'alkali fixe, non-seulement la chaux vive
s'empare de l'air acide uni à cette substance saline, mais s'unit avec ce sel même ;
c'est de cette union que résulte cette matière saline, qu'on nomme pierre à cautère. Nous avons relevé, à cet égard, plusieurs fois l'erreur des chymistes modernes,
qui ne regardent cette substance que com-

me l'alkali fixe seul , privé seulement de son
air , et rendu caustique par-là. Mais cette erreur provient encore de la même cause que
nous avons tant de fois relévée ; c'est-à-dire , par le défaut d'analyse. Si ces messieurs
avoient analysé cette substance , ils y auroient trouvé une assez grande quantité de terre de chaux. Ils auroient vu qu'il y a une sorte
de point de saturation entre cette terre et l'alkali fixe, et que si on pousse cette matière trop
fort à la fonte, on désunit l'un d'avec l'autre ;
qu'alors on n'a plus cette matière nommée
pierre à cautère , mais l'alkali fixe seul est
caustique, et tel seulement que celui qui n'a
point été uni à la chaux , et qui n'a été simplement que calciné. Il est d'autant plus étonnant qu'on n'ait pas su reconnoître ce que
nous disons ici , qu'on peut voir fort facilement que cette matière est beaucoup plus
fusible que l'alkali fixe ; ainsi ce seroit un
autre fait à opposer au principe avancé par
le cit. Darcet , dans ses *Mémoires sur la fusibilité des terres* , où il soutient que deux
matières unies ensemble ne peuvent pas ac-
quérir plus de fusibilité qu'elle n'en ont chacune en particulier.

Mais il ne s'agit pas de cela ici, mais bien de faire voir la conformité qu'il y a entre la matière qui nous occupe et celle que nous nommons pierre à cautère. Ce qu'il y a encore de remarquable, c'est qu'en étendant beaucoup dans l'eau la lessive des savonniers, on parvient dans la suite à obtenir à peu près le même résultat que celui dont nous venons de parler. Il est vrai également de dire, que l'air fixe contenu en plus ou moins grande quantité dans l'eau, contribue aussi pour beaucoup à cette précipitation.

Mais s'il y a tant de ressemblance entre la décomposition de la lessive des savonniers et celle qui nous occupe actuellement; pourquoi ne retrouverions nous pas dans la terre, séparée de celle-ci, l'acide et l'huile du tartre? Cela devoit être nécessairement, puisque nous avons vu ci-devant, qu'en ayant précipité la terre par l'acide vitriolique, nous en avons obtenu du tartre vitriolé très-pur. C'étoit bien là une preuve que l'alkali s'étoit séparé entièrement de l'acide et de l'huile de tartre, lesquels devoient nécessairement être restés unis à la terre. Nous disons l'acide et l'huile resté uni à la terre de la chaux;

car, par tout ce que j'ai vu jusqu'à présent, j'ai lieu de croire que ces deux êtres du tartre restent unis ensemble, et qu'ils ne sont pas même s'éparés dans l'altération qu'éprouve le tartre ; ils sont comme indentifiés l'un avec l'autre, ou combinés tellement par les mains de la nature, qu'il n'y a que le feu seul, c'est-à-dire, la distillation réitérée de cette matière, qui puisse les séparer l'un de l'autre ; et l'on a vu dans mon *Traité de la dissolution des métaux*, l'extrême difficulté que j'ai éprouvé pour cela : aussi se combinent-ils ensemble dans toutes les occasions. Au surplus, à l'aspect seul de cette terre on pouvoit juger qu'elle n'étoit pas pure, et qu'elle contenoit quelque matière. Nous avons déja dit que cette terre n'étoit pas fort friable. Je dois ajouter ici que lorsque j'ai précipité cette terre par l'eau seule, il s'est formé par dessus, dans la suite, une pellicule cristalline, à peu près semblable à celle qui se forme sur l'eau de chaux, mais beaucoup plus épaisse et cristalline. On pourroit encore s'assurer de cette vérité par la pesanteur même de la terre, qui, après avoir été bien desséchée, se trouve l'être incomparablement plus que la chaux et la craye.

Les expériences de Pott et celles de Margraf ont prouvé évidemment depuis long-tems, que les acides poussés par la chaleur sur le tartre dissous dans l'eau, lui arrachent l'alkali purement et simplement. Ces chymistes auroient pu également parvenir par cette voie à reconnoître les autres principes du tartre, s'ils avoient persisté dans leur travail. Mais il faut convenir que l'altération que subit cette matière, par le moyen de la chaux, est plus prompte, plus forte et plus marquée.

D'après tout ce que je viens de dire, je pouvois donc regarder la terre de la chaux séparée de ma lessive, soit par le moyen des acides, soit par l'eau seule, comme étant saturée en partie par l'acide et l'huile du tartre. C'est ce qui explique pourquoi cette terre fait d'abord avec les acides une effervescence très-vive, et que cette effervescence cesse bientôt après.

108ᵉ. Quoiqu'il ne me restât aucun doute sur tout ce que je viens de dire, et que j'eusse lieu de me croire parfaitement en état de prononcer sur l'état de ma terre, je crus pourtant devoir confirmer tout cela par une expérience bien simple ; ce fut de mettre de ma terre précipitée dans un creuset, et de la traiter comme le dépôt resté sur le filtre. Je vis bientôt, en effet, que cette terre si blanche, se noircissoit considérablement, et répandoit des vapeurs très-sensibles d'huile de tartre et d'acide.

C'est pourtant une telle terre restée sur le filtre, dans l'expérience de Scheele, que ce chymiste regardoit comme un sel indissoluble et de laquelle il espéroit séparer au moyen de l'acide vitriolique, l'acide pur et simple du tartre.

La voilà donc expliquée cette égnime sur laquelle Bergman et le cit. Morveau, s'enthousiasmoient jusqu'à croire que l'acide du tartre avoit plus d'affinité avec la chaux qu'avec l'alkali fixe ; que cette substance saline singulière étoit un sel tellement indissoluble, que quelque quantité d'eau qu'on put faire passer dessus, on ne pouvoit l'emporter ni le diminuer. Il est bien visible maintenant, pour tout chymiste qui ne sera pas de l'espèce légère et frivole dont nous avons parlé, que ce prétendu sel n'est point du tout une combinaison pure et simple de l'acide du tartre avec la terre de la chaux, mais bien une union pure et simple de l'huile et de l'acide du tartre avec la terre de la chaux; et que l'huile du tartre, enveloppant l'acide du tartre, comme les acides sont enveloppés dans les bitumes, n'a pas permis que cet acide se combinât parfaitement et directement avec cette terre, et n'a pu permettre non plus à l'eau de dégager ce sel aussi parfaitement que s'il avoit été pur et parfaitement formé.

Il seroit plus vrai de dire que cette terre contient une espèce de matière saline savonneuse, que de dire que c'est-là un véritable sel inconnu jusqu'aujourd'hui. Lorsqu'on verse de l'acide vitriolique sur cette matière, on en détache l'acide uni encore à l'huile et à la terre propre du tartre. On peut regarder ce prétendu acide du tartre comme un sel essentiel du tartre privé de son alkali, et d'une portion de son huile, qui a été brûlée et retenue dans la craye par l'acide vitriolique. La preuve s'en voit dans cette craye même, convertie en sélénite, ou l'on retrouve encore les débris de cette huile.

Une preuve évidente encore de la faus-

seté de l'opinion que nous combattons, savoir, que l'acide du tartre a plus d'affinité
avec la chaux qu'avec l'alkali fixe, se voit
dans l'acide qu'on a obtenu du tartre par la
distillation. Cet acide bien plus pur que celui de Scheele, s'unit, selon la règle géné-
rale, par préférence avec les alkalis, et j'ai
lieu de m'étonner qu'un fait si facile à vérifier, n'ait pas été pris en considération par
aucun de ces nouveaux chymistes. Objec-
teroient-ils donc que l'acide retiré par la distillation, n'est pas aussi pur que celui de
Scheele ; je ne les crois pas capable d'avan-
vancer une telle absurdité, quoique je sois fort
accoutumé à leur en entendre dire beaucoup.

Cependant on voit que, quoique le résidu
de la chaux et du tartre bouillis ensemble,
soit soluble jusqu'à un certain point, à cause de l'énergie qui fait qu'elle pénètre le
tartre, et se joint jusqu'à un certain point
à son alkali, dont il résulte à peu près une
lessive des savonniers, on voit, disons nous,
qu'on peut obtenir le prétendu acide du tartre de Scheele. Il ne s'agit pour cela que de
précipiter, d'une manière ou d'une autre,
la chaux qui est unie à cet acide huileux, et
de

de le dégager ensuite par de l'eau, pourvu qu'il n'y reste pas un excès de l'acide précipitant. Scheele prescrit, avec raison, de se servir de l'acide vitriolique, parce que cet acide formant avec la terre calcaire un sel de très-difficile dissolution, l'eau se charge par préférence du sel le plus dissoluble. Et quant bien même l'eau prendroit une partie de ce sel séléniteux, il n'y auroit aucun inconvénient ; car ce sel paroissant d'abord à la surface de l'eau pendant son évaporation, laisseroit bientôt ce prétendu acide du tartre seul. Il ne sagit seulement que de faire ensorte qu'il n'y reste pas la moindre partie de l'acide précipitant ; les conseils de Scheele à cet égard sont sans doute les meilleurs qu'on puisse donner. En rappelant ces faits, que tout le monde connoît, notre intention est de faire voir que ce prétendu acide du tartre de Scheele, est un véritable extrait du tartre ; c'est du tartre, si l'on veut, dépouillé seulement d'une partie de sa terre, de son huile et de tout son alkali.

Mais je ne dois pas laisser ignorer qu'il est possible d'obtenir beaucoup plus de ce prétendu acide du tartre de Scheele, en se

X

servant de la chaux, qu'en employant de la craye. Dans le procédé de la craye une grande partie de l'acide du tartre, uni à l'huile, reste uni à l'alkali fixe, ce qui forme ce sel connu depuis fort long-tems sous le nom de sel végétal, dont nous avons déja parlé. Dans le procédé de la chaux, au contraire, la chaux, agissant sur le tartre beaucoup plus vigoureusement, ne laisse pas à son alkali, comme nous l'avons vu, assez d'acide et d'huile pour le saturer, et en faire un sel neutre. En un mot, dans le dernier cas, l'alkali n'est pas tellement saturé qu'il ne manifeste bien quelques-unes de ses propriétés alkalines, sur-tout retenant, comme nous l'avons vu, une portion de la terre de la chaux qui augmente sa force. Voilà le seul point où je puisse accorder ce que rapporte le docteur Fourcroy, dans sa *Somme chymique,* avec les faits que je viens de rapporter ; et on voit par-là que, comme à son ordinaire, ce docteur s'en est rapporté absolument à l'apparence. Je reviens maintenant à la suite de mon analyse.

109ᵉ. Une grande partie de la terre que j'avois séparée par l'acide vitriolique de ma lessive, fut consacrée à la suite de l'épreuve dont je viens de faire mention. Je la saturai entièrement par ce même acide. Je fis chauffer le tout, et ayant filtré, je fis évaporer d'abord la liqueur. J'en séparai le peu de sélénite qui s'y étoit formée. La liqueur se fonça de plus en plus, et devint acide. A la fin il me resta un sel acide jaunâtre, qui étoit l'acide de tartre de Scheele.

Mais je vis ensuite que dans une seule et même opération on pouvoit parvenir à obtenir ce prétendu acide du tartre, c'est-à-dire, en mettant dans une portion de notre lessive autant d'acide vitriolique qu'il en faut pour saturer entièrement la terre de la chaux, et l'alkali. Alors on a d'abord de la sélénite, et ensuite le tartre vitriolé; et il reste, comme résidu, notre sel acide du tartre.

110ᵉ. Mais ce qui me paroissoit beaucoup plus intéressant encore, c'étoit de pouvoir obtenir le prétendu acide du tartre, en même tems que l'alkali, purement et simplement; c'est-à-dire, sans être saturé. Or, comme nous avons vu que l'eau seule jetée en grande abondance sur notre lessive, la dé-

composoit, et y occasionnoit la précipitation de la terre de la chaux, qui retenoit
l'acide et l'huile du tartre, nous espérâmes
de parvenir par-là à ce double but : mais
ayant observé, ainsi que je l'ai dit ci-devant,
que cette espèce de décomposition ne se faisoit que très-lentement, et, qu'au contraire,
lorsqu'on employoit en même-tems quelques
gouttes d'acide qui rompt sur-le-champ l'espèce d'union foible qu'il y a entre l'alkali et
la chaux, laquelle tient l'huile et l'acide du
tartre enchaîné, cette décomposition se faisant beaucoup plus promptement, il fallut
attendre du tems, ce que je ne voulois pas
obtenir des acides ; ainsi, après avoir noyé,
pour ainsi dire, notre lessive dans l'eau de
pluie, nous la laissâmes exposée à l'air libre
pendant huit jours. Pendant ce tems-là nous
vîmes se former par-dessus une pellicule cristalline, blanche comme du lait, et de très-
petits cristaux sur les parrois du vaisseau.
Au bout de ce tems nous vîmes toute la matière terreuse bien séparée, et l'eau bien claire et bien distincte de cette terre ; alors je
versai le tout sur un filtre. L'eau qui passa
étoit fort claire, et il resta sur le filtre un

précipité cristallin. En passant à plusieurs
reprises de l'eau dessus, je m'apperçus qu'il
se dissolvoit avec assez de facilité; c'est ce
qui m'obligea à discontinuer ce lavage.

L'eau qui avoit passé parut sensiblement
alkaline ; et à mesure qu'elle se concentroit
par l'évaporation, elle sembloit le devenir
davantage, et se colorer à proportion. J'a-
vois donc lieu de croire que j'aurois cette
fois-ci l'alkali du tartre pur, et je commen-
çois à donner des louanges aux chymistes
dont je viens de parler, et en particulier au
cit. Fourcroy, qui avoit été un des premiers
à recueillir les idées de Scheele sur ce sujet, et à annoncer l'effet de la chaux sur le
tartre. Mais il y avoit là de la prévention
de ma part, ou une grande envie de trouver
enfin chez ces chymistes quelque chose que
je pusse louer ; car cette liqueur ayant été
plus concentrée, ne me présenta nullement
l'alkali pur, mais bien une des plus belles
cristallisations salines que l'on puisse voir.
C'étoit un entrelacement de très-fines aiguilles transparentes de la plus grande blan-
cheur. J'en fus d'autant plus surpris, que
je ne m'y attendois nullement, et que je ne

X 5

comprenois pas alors la cause et l'origine de ce sel.

Après avoir bien égoûté cette belle cristallisation, qui couvroit tout le fond de la capsule de 5 à 6 pouces de large, je n'eus rien de plus pressé que de l'examiner. Mis sur la langue, je lui trouvai un goût légèrement alkalin. Les acides versés dessus y produisoient une effervescence sensible. Mais ce sel mis sur les charbons ardens y noircissoit, en répendant une odeur forte du tartre ; ce qui me prouvoit évidemment que ce prétendu sel alkali pur étoit encore combiné avec une forte dose d'huile de tartre et de son acide, qui, comme nous l'avons dit, se trouvent toujours combinés ensemble. Nous pouvons donc regarder ce sel comme un sel à demi-neutre, ou comme un alkali à demi-neutralisé. C'est, en un mot, un sel de tartre avec excès d'alkali. C'est-là, il faut en convenir, une singularité bien remarquable du tartre, de donner, dans des circonstances différentes, deux sortes de sel, de nature absolument opposée ; c'est-à-dire, l'un avec excès d'acide, et l'autre avec excès d'alkali.

Nous avons donc lieu de croire que ceux qui ont avancé qu'on obtenoit l'alkali pur du tartre par le procédé, dont nous nous entretenons ici, s'en sont rapportés uniquement, comme à leur ordinaire, à l'apparence seule, et qu'ils ne se sont pas donnés la peine de pousser jusqu'au bout le procédé, et d'examiner la liqueur dans laquelle étoit ce sel.

111ᵉ. Cependant, pour démontrer jusqu'à la dernière évidence que ce sel est ce que nous venons de dire; c'est-à-dire, un sel alkali uni encore à une portion de l'acide du tartre et de l'huile, je l'ai fait dissoudre dans une s. q. d'eau distillée, et j'ai versé dessus peu à peu, et jusqu'au point de saturation, de l'acide vitriolique aqueux. La liqueur a blanchi aussitôt comme du lait, et il s'y est fait un précipité blanc très-abondant. J'ai versé le tout sur un filtre. L'eau saline qui a passé très-claire m'a donné, par l'évaporation, un beau tartre vitriolé. Le précipité resté sur le filtre bien desséché, exposé sur les charbons ardens, a laissé exhaler des vapeurs d'huile et d'acide du tartre, et il est resté une matière terreuse charbonneuse, qui, calcinée jusqu'au blanc, n'a laissé qu'un peu de terre calcaire.

112ᵉ. Cette démonstration étant faite, j'ai ramassé le premier précipité qui étoit resté sur le filtre, lequel comme nous l'avons vu , devoit être la combinaison de l'acide du tartre et de l'huile avec la terre de la chaux. L'ayant délayé dans de l'eau distillée , j'ai versé dessus peu à peu de l'acide vitriolique, jusqu'à ce qu'il ne s'y soit plus fait d'effervescence. J'ai fait chauffer le tout et j'ai filtré. La liqueur qui a passé étoit claire , mais d'une teinte jaunâtre. Evaporée au bain de sable, elle m'a donné de petits cristaux jaunâtres et arrondis , lesquels étoient confondus ensemble, et formoient une masse; ce sel n'étoit nullement acide comme je m'y attendois. Il craquoit sous les dents à peu près comme le tartre vitriolé. Dissous dans l'eau froide , l'alkali fixe en liqueur versé dessus en détachoit une terre blanche. Ce qui me fit croire que c'étoit cette terre qui neutralisoît ce sel , et empêchoit l'acide du tartre de se manifester. Alors je fis redissoudre mon sel dans l'eau , et y versai quelques gouttes d'acide qui y produisirent une légère effervescence. La liqueur devenue par-là légérement acide, je la refiltrai. Il resta sur le filtre une petite portion de terre blanche. Cette liqueur évaporée me donna alors un sel tel que celui que Scheele et ses adhérens regardent comme le véritable acide du tartre; et je confirmai en cette occasion tout ce que j'ai dit ci-devant, savoir, que cet acide prétendu du tartre est une combinaison d'une portion de cet acide et de l'huile combinée avec de la terre par excès. Je ne sais même si je ne puis pas assurer qu'il y reste adhérent malgré toutes les précautions que l'on prend pour l'en empêcher, une petite portion de l'acide qui a servi à le dégager; car lorsqu'on combine ce sel avec l'alkali fixe, on reconnoit par la forme des cristaux qu'on obtient, et sur-tout par leur amertume, qu'ils appartiennent à l'acide vitriolique. Il sembleroit pourtant nécessaire, pour éviter cet inconvénient, de ne mettre de l'acide vitriolique qu'autant qu'il en faut, pour saturer la terre dans laquelle l'acide du tartre se trouve combiné : mais il me semble que cela ne suffisoit pas; car si on cesse

d'y en mettre, au moment où l'on n'apperçoit plus d'effervescence, comme je l'ai fait
une fois, on n'obtient point un sel acide,
ainsi que je viens de le faire voir, mais un
sel parfaitement neutre, qui résulte de la
saturation parfaite de l'acide du tartre, avec
la terre de la chaux ou de la craye. J'ai remarqué cependant que dans ce dernier cas,
il est infiniment plus facile de dégager le
sel acide, car cette terre y adhère bien moins
fortement que la terre de la chaux.

Nous avons déja vu ci-devant qu'une des
causes auxquelles nous attribuons l'indis-
solubilité de l'espèce de combinaison qui
résulte de l'union de l'acide du tartre avec
la terre calcaire, vient de ce que cet acide
est uni lui-même à une grande quantité d'huile, qui en fait une espèce de bitume. C'est
ce qui rend cette espèce de combinaison assez imparfaite, au point de n'avoir pas toutes les propriétés salines. Mais nous avons
cru remarquer, en cette occasion, que cela
venoit autant, et peut-être davantage de ce
que cette espèce de matière saline est surchargée de terre. Car on vient de voir qu'a-
prés l'avoir dégagée de cet excès de terre,

par le moyen d'un acide, il s'est encore trouvé fort neutre et fort éloigné de cette qualité acide qui l'a fait nommer acide du tartre par Scheele, et qu'en cet état il étoit
bien moins soluble encore, que lorsqu'il étoit
dépouillé d'assez de terre pour être acide;
et comme nous avons vu que le tout se tenoit uni ensemble, qu'il ne s'en séparoit aucune partie de terre, quelqu'étendu qu'il fut
dans l'eau, et que bien loin de là, le tout
formoit, comme nous l'avons montré, une
croûte cristaline, soit qu'elle fut dissoute
dans l'eau, soit qu'elle fut sur le filtre,
nous avons lieu de croire que toute cette matière formoit une seule et même matière saline, mais surchargée de terre.

### De l'acide du citron.

Les phénomènes qu'a présenté à Scheele
la combinaison de cet acide avec la terre
calcaire ou la chaux, peuvent s'expliquer
également par ce que nous venons de rapporter; cela est fondé principalement sur
ce que cet acide huileux formant, avec cette
terre un sel peu soluble à cause de sa ma-

tière huileuse et muqeuse, est encore surchargée de terre. C'est, si l'on veut, un sel
comme caché dans cette terre, et comme
enveloppée de toute part par des matières
grasses, qui ne sont pas, comme on sait,
dissolubles dans l'eau. Mais s'il arrive cependant que cet acide soit dégagé de ces entraves, on trouvera les choses bien différentes.
On aura alors une combinaison saline, qui
sera assez dissoluble pour ne pas rester dans
le résidu terreux, ou qui y restera en d'autant moins grande quantité, que l'acide sera
plus débarrassé de ses entraves, ou qu'il sera
plus pur. En suivant cependant le texte de
Scheele, inséré dans plusieurs journaux allemands et suédois, et notamment dans celui de Créel; et en suivant ce que rapporte
le cit. Fourcroy, d'après ces passages, ou
d'après lui-même, nous trouverons les choses bien différentes; car il sembleroit que
l'acide du citron a, comme Scheele le suppose dans celui du tartre, cette vertu extraordinaire, qu'on pourroit appeler oculte,
qui fait que, quel qu'il soit, il se combine,
de préférence, avec la craye, et forme, avec
cette terre, un sel tout particulire, et de

très-difficile dissolution. Mais on va voir que j'ai encore, en cette occasion, le malheur de voir les choses bien différemment. Il est vrai que j'ai employé un jus de citron le plus pur ou le plus dépouillé de matière muqueuse et huileuse que j'ai pu. Pour cela je l'ai laissé fermenter : alors les matières se sont séparées comme d'elles-mêmes, après quoi je l'ai filtré.

113ᵉ. J'ai pris quatre onces d'un tel acide : l'ayant combiné avec une suffisante quantité de craye pour le saturer entièrement, j'ai jeté le tout sur un filtre après l'avoir étendu dans beaucoup d'eau distillée.

La liqueur qui a passé étoit jaunâtre : selon Scheele et le cit. Fourcroy, il ne devoit y rester que la matière muqueuse et mucilagineuse du suc de citron et point de la matière saline résultante de la combinaison de cet acide avec la craye ; puisque, selon ces chymistes, elle est de nature à ne pouvoir se dissoudre, du moins dans une si petite quantité de fluide. Cependant notre liqueur filtrée étoit très-saline, et contenoit bien plus de la matière saline qu'il n'en étoit resté dans

le résidu crayeux qui étoit demeuré sur le filtre :
on en va voir la preuve ; mais il y étoit resté de
plus la matière muqueuse et mucilagineuse,
qui s'étoit encore séparée de cet acide, en se
combinant avec la craye. Il me paroît même absurde de supposer qu'elle dut rester
par préférence dans la liqueur saline ; comme s'il n'étoit pas notoire que dans tous les
cas pareils, c'est-à-dire, chaque fois qu'on
fait chauffer des jus ou liqueurs qui contiennent des parties mucilagineuses, ces parties
ne s'en séparent pas au moins en grande
partie. Dans ce cas-ci il n'y a eu en effet
que les parties mucilagineuses qui sont res-
tées adhérentes au sel même.

J'ai ensuite évaporé cette liqueur, j'en ai
obtenu, par la cristallisation, une espèce
de sel écailleux, sombre et extractif, qui
étoit néanmoins assez pur pour imprimer
sur la langue un goût véritablement salin.
Ce goût n'étoit pas même désagréable, malgré que l'acide du citron fut encore, comme
on voit, uni à une certaine quantité de matière extractive ; il ne me fut pourtant pas
possible de décomposer ce sel, et d'en chasser

l'acide par une simple exposition faite au bain de sable dans une cornue de verre. Il s'en éleva seulement quelque peu d'huile, avec l'eau contenue dans ce sel.

114e. Alors je versai sur cette matière saline quelque peu d'acide vitriolique. Aussitôt que cet acide eut touché ce sel, il s'y produisit une effervescence très-vive, avec des vapeurs dont l'odeur n'étoit point désagréable. Un petit balon ayant été radapté à cette cornue, je remis du charbon dans le fourneau. Il monta une liqueur acide très-forte et sentant un peu le citron. C'est cet acide, je crois, que l'on peut regarder comme le véritable acide pur du citron ; à moins qu'ayant versé sur cette matière saline un acide vitriolique trop concentré, il n'eut produit de l'acide sulfureux avec la partie huileuse de ce sel. Pour éviter cet inconvénient, il faut, comme je l'ai déja dit ailleurs, étendre cet acide dans un peu d'eau distillée ; et comme l'acide du citron est volatil, ainsi que tous les acides des végétaux, lorsqu'ils sont purs, il monte fort facilement, et long-tems avant que l'acide vitriolique, en perdant l'eau avec laquelle on l'a mêlée, ne se reconcentre.

115ᵉ. Cet acide du citron, malgré qu'il fut mêlé avec une assez grande quantité de phlegme, n'étoit pourtant pas aussi foible qu'on auroit lieu de le croire, d'après l'exposé des nouveaux chymistes, qui, en conséquence de leurs fausses idées, nomment les acides végétaux des acidules. Quant à mon acide, il ressembloit si bien à tous égards à l'acide du vinaigre radical ; c'est-à-dire, à celui qu'on dégage, de la même manière, du sel de vinaigre qu'on nomme terre foliée de tartre, et à ceux que j'ai obtenu du sucre et de l'oseille, qu'on auroit pu assurer que cet acide étoit le même, s'il n'avoit pas présenté une petite odeur de citron. Cependant je ne dois pas laisser ignorer que cet acide, combiné avec l'alkali fixe, ne donnoit pas un sel exactement semblable à celui que donnent les autres acides que je viens de nommer, en ce qu'il n'attiroit pas comme eux l'humidité de l'air. Ce sel se cristallisoit, au contraire, en aiguilles fines. Il craquoit un peu sous la dent, et avoit un goût qui n'étoit

pas

pas désagréable ; il est vrai qu'il se dissolvoit très-promptement dans l'eau, et qu'a-
bandonné long-tems à l'air libre, il l'humec-
toit un peu. Je ne crois pas qu'il puisse être
douteux maintenant, que le prétendu acide
de *Scheele* puisse, en le comparant avec le
mien, être regardé comme l'acide le plus
pur du citron. Je pense qu'on ne sera pas
assez insensé pour soutenir qu'une combinaison saline acide ou un sel avec excès d'a-
cide, tel qu'est celui de *Scheele*, doive être
regardé comme le plus pur des acides qu'on
puisse obtenir du citron.

116e. Mais après avoir décidé cette question, il en faut décider une autre, qui est
la suite de celle-ci ; c'est de savoir si notre
acide a véritablement plus d'affinité avec la
terre crayeuse qu'avec l'alkali fixe, et si le
sel qui résulte de cette combinaison est tel
que *Scheele* et ses adhérens l'ont annoncé,
c'est-à-dire, indissoluble dans l'eau, ou tellement difficile à s'y dissoudre, qu'il reste
presqu'entièrement sur le filtre. Nous pouvons annoncer maintenant que ni l'un ni
l'autre n'est vrai ; d'où il faudra nécessairement conclure que l'acide de *Scheele* re-

Y

gardé comme un véritable acide, ou l'acide pur du citron, ne l'est pas, et que c'est le notre qui l'est véritablement; qu'en conséquence il jouit de toutes les facultés d'acide pur.

S'il est vrai encore que cet acide ait plus d'affinité avec la terre calcaire qu'avec l'alkali fixe, il est évident qu'il eût dû, dans notre expérience, quitter cette substance saline pour s'unir à la terre calcaire; cependant on vient de voir qu'il n'en a rien été.

Il est fâcheux de voir, que, dans des choses si simples et si faciles à vérifier, on soit réduit à démontrer l'ignorance ou la prévention de ces chymistes. On trouve encore ici une autre occasion de leur reprocher justement ce que nous leur avons reproché si souvent, de ne pas chercher à s'assurer de la vérité par l'analyse. C'est par-là que le célèbre Margraf, si dédaigné aujourd'hui par de jeunes présomptueux fort ignorans, s'est acquis la gloire qu'il mérite si justement. Par exemple, si, après avoir combiné la crême de tartre avec la craye, il eut regardé le sel qui résulte de cette opération, comme une véritable combinaison de la craye avec cette matière, n'eut-il pas commis la même faute

que celle que nous reprochons aux chymistes oxigénistes ? Mais il en étoit incapable,
aussi bien que Rouelle le cadet, qui ana-
lysa, ainsi que le chymiste de Berlin, ce
sel, et découvrit qu'il ne contenoit pas la
moindre partie de craye.

118°. Maintenant nous allons examiner
le résidu resté sur le filtre. Ce résidu étoit
en bien moindre quantité que je ne m'y étois
attendu, d'après l'exposé de Scheele, en
supposant comme lui que toute la combinaison de l'acide du citron avec la terre calcaire, devoit y être restée comme étant indissoluble ; mais comme j'avois eu lieu de me détromper par ce que je viens de rapporter,
je ne m'attendois pas en effet à trouver
dans ce résidu une grande quantité de la matière saline de Scheele. Véritablement, je le
trouvai réduit à peu de chose, et j'ai lieu de
croire que si j'y avois repassé une plus grande quantité d'eau, je l'aurois emporté entièrement, et n'y aurois laissé que la terre calcaire seule, c'est-à-dire, celle qui étoit surabondante à cette combinaison. Quoiqu'il en
soit, pour agir comme Scheele, je saturai
toute cette terre avec de l'acide vitriolique,

afin d'en dégager ce qu'il y auroit du prétendu acide de citron de ce chymiste. En effet, quand j'eus fait bouillir ce mélange dans
une suffisante quantité d'eau, j'obtins un
peu d'un sel aiguillé très-mou et très-acide.

119e. A présent, pour savoir si ce sel est
véritablement ce que Scheele et ses partisans croient si fermement, c'est-à-dire, si
c'est le véritable acide de citron, je veux
dire la partie la plus pure de cet acide, il
faut l'analyser. Je commençai d'abord par
en mettre sur les charbons ardens ; il s'en
éleva des vapeurs comme tartareuses, et ce
sel y noircit à peu près comme le sel acide
du tartre et le sel acide du sucre. Cette épreuve faite, qui devoit me guider comme elle
m'avoit guidé pour l'examen de ces dernières
matières salines, je divisai le reste de mon
sel en deux parties égales. L'une fut mise
dans un petit creuset bien net : ayant placé
ce creuset entre les charbons ardens, il partit également de ce sel dès vapeurs tartareuses. Le résidu bien calciné, se trouva être
une terre qui faisoit effervescence avec les
acides : l'ayant combinée avec de l'acide vitriolique, j'en eus d'abord un peu de sélé-

(  341  )

nite, et ensuite un peu de tartre vitriolique.

120e. L'autre partie de mon sel acide fut
mise dans une petite cornue et traitée comme le sel du citron, expérience 113e. , et j'en
eus à peu près le même résultat; d'où je
conclus que ce sel ne différoit de celui-là
que parce que, enveloppé dans le résidu
crayeux de beaucoup de matière muqueuse, il avoit été garanti en grande partie des
effets de l'eau. Aussi avois-je cru remarquer
que cette matière saline fournissoit plus
d'huile.

On demandera maintenant à ces nouveaux
chymistes, si un sel, quoique très-acide,
qui fournit de la terre et de l'alkali, peut
être regardé comme un acide pur, et s'il ne
mérite pas davantage la qualification de sel
avec excès d'acide que nous lui avons donnée?

*De la noix de galle et de son acide.*

Nous croyons avoir démontré jusqu'ici,
jusqu'à la dernière évidence, que les faits
sur lesquels s'appuient les nouveaux chymistes pour établir leur théorie, ne l'ap-

puient pas du tout, et que c'est faute de lumière, et faute d'avoir assez bien examiné
ces faits, qu'ils s'en sont autorisés pour établir la plus folle et la plus insensée de toutes les théories qu'on pouvoit imaginer en
chymie.

Il ne nous reste maintenant pour finir
d'atteindre notre but, que de démontrer
qu'un autre principe avancé par ces chymistes, et principalement par le citoyen
Morveau, dans le cours de chymie de Dijon, et promulgué depuis par le cit. Fourcroy, comme le secrétaire exact des nouvelles idées et des erreurs des nouveaux
chymistes; savoir, que le principe colorant
de la noix de galle est son acide; aussi bien
qu'ils ont prétendu que le fer n'étoit coloré
en bleu par la lessive du sang, que par
l'acide animal : il ne nous reste, disons-nous,
qu'à démontrer que cette assertion est également fausse. On ne conçoit pas même
comment une telle erreur n'a pas paru évidente à ces chymistes, puisqu'il est de fait
et qu'il est à leur connoissance, que bien
loin que les acides soient favorables à la
formation des couleurs, ils les détruisent,

au contraire, en dissolvant les matières co-
lorantes ; et ils savent qu'un acide versé
dans de l'encre, l'éclaircit ou le détruit s'il y
en a beaucoup, en en dissolvant le fer. Croi-
roit-on néanmoins que ces chymistes ont eu
la sottise de m'attribuer leurs idées à cet
égard, et qu'ils m'ont cité dans leurs
écrits comme ayant démontré ce prétendu
principe.

Le malheur voulut encore que Scheele
appliqua à la noix de galle sa méthode fa-
vorite, pour en retirer un prétendu acide,
comme il avoit prétendu retirer, par cette
même méthode, celui du sucre, du tartre
et du citron ; alors les nouveaux chymistes,
voyant que ce prétendu acide de la noix de
galle coloroit effectivement fort bien le fer,
ils n'ont pas manqué de regarder leur principe comme incontestable. Et un jeune
chymiste, nommé Dizé, se disant élève de
d'Arcet, n'a pas manqué, en qualité d'admirateur du chymiste suédois, d'autoriser
cette sottise dans le *Journal de Physique,*
pour l'année 1791, et de regarder le sel retiré de la noix de galle, selon la méthode
de Scheele, comme le véritable acide pur

de cette substance. Cependant si ce jeune
chymiste , ainsi que ceux de la nouvelle
théorie , avoit bien voulu analyser ce prétendu acide, il eut trouvé qu'il est combiné
encore avec une partie de la substance extractive de la noix de galle, et que c'est
pour cela qu'il précipite le fer et le colore.
Il auroit pu, en retirant de l'eau ce précipité, y reconnoître une portion de la fécule
de la noix de galle.

La démonstration que j'ai à faire ici n'appartient pas à moi seul. Un véritable et excellent chymiste d'Abbeville, le cit. Ribau-
court, à l'occasion des recherches qu'il a
faites, en commun avec le cit. Hecquet d'Or-
val, sur les teintures, et qui ont remporté
le prix de l'académie des sciences pour l'année 1777, a fait aussi en grande partie cette
démonstration. Il a remarqué que la noix
de galle contient une assez grande quantité
d'une terre pesante, qui a la faculté de s'attacher aux métaux ; et de l'alkali fixe, qui
contribue à la précipitation des métaux en
se joignant aux acides avec lesquels ils sont
unis.

**FIN DE LA DISSERTATION.**

On a pu s'appercevoir que cet ouvrage a été écrit depuis long-tems, et qu'il devoit paroître dans une circonstance plus favorable que celle-ci. L'illustre et généreux Malesherbes n'est plus : la révolution l'a dévoré, comme tant d'autres, et ne m'a laissé des yeux que pour pleurer sa perte irréparable. C'étoit l'ami des hommes, le protecteur le plus déterminé des arts et des sciences, l'ami le plus zélé de tous ceux qui les cultivoient : né avec un goût tout particulier pour les sciences physiques, la chymie faisoit ses délices. On sait que, dès l'année 1765, il voulut mettre la main à l'œuvre lui-même, bien persuadé que ce n'est que par la pratique, qu'on s'instruit véritablement dans les sciences, et qu'on se met au-dessus des théories, qui ne les représentent souvent que très-imparfaitement, et trompent le plus souvent les hommes en leur masquant la vérité ; et on sait que ce fut moi qu'il choisit pour le diriger dans sa marche. Aussitôt un laboratoire fut dressé à Vaugirard, et on ne perdit pas un instant pour se mettre au travail : tous les membres de l'académie des sciences y furent appelés tour à tour avec tous les chymistes connus. Chacun y travailla sous ses yeux et les miens; et malgré le peu de tems qui étoit consacré à cela, on y exécuta toutes les opérations les plus importantes de la chymie.

Ce cours, qui avoit été rédigé en commun, devoit paroître un jour; c'est-à-dire, après en avoir rempli les lacunes, que trop de précipitation nous força d'y laisser. Les sels et la dissolution des métaux étoit ce qui frappoit le plus Malesherbes : aussi tâchois-je d'y suppléer par des observations particulières, lorsque, inscrit sur l'état du commerce comme minéralogiste, et bientôt ensuite nommé à la place d'inspecteur des mines, je me trouvai obligé de voyager, même chez l'étranger, et de négliger mon travail. Mes ennemis, car j'ai eu l'honneur d'en avoir beaucoup, en profitèrent pour me nuire auprès de cet excellent homme. Mais bientôt après mon retour, sa bonté pour moi et l'amitié qu'il m'avoit vouée, reprirent leur empire. Il reconnut qu'on l'avoit induit en erreur, et sa confiance en moi fut plus grande que jamais.

Cependant j'avois publié mon *Traité de la dissolution des métaux*, ce qui étoit rompre le projet que nous avions fait, puisque ce travail devoit faire partie du cours de chymie de Vaugirard. Mais alors, adonné de nouveau à la culture de son charmant petit bois d'arbres étrangers qu'il avoit planté à Malesherbes, et dégoûté aussi de voir tant de contradictions dans une science qui est toute de faits, il ne pensa plus au projet de faire paroître le cours de chymie dont il s'agit, et me sut bon gré d'avoir publié ce petit ouvrage. Il me railla beaucoup *sur la modestie outrée dont je faisois parade*, disoit-il, *dans cet ouvrage, pour être l'opposé sans doute d'un nouveau chymiste, qui étale, au contraire, ses prétendues découvertes avec tout l'amour propre d'un enfant ou d'un orgueilleux insoutenable.* Alors, je lui rappelai une espèce de prophétie qu'avoit faite autrefois Rouelle l'aîné, dans ses cours, chez lui et au Jardin des Plantes : « Vous verrez, « disoit-il, qu'il s'élevera un jour des batte- « leurs physiciens, qui prétendront, d'après « des expériences mal vues, renverser la théo- « rie des vrais chymistes. Mais ne les croyez « pas, ajoutoit-il, car ce sont des ignorans

« en chymie. » — « Qui fera voir la justesse
« de cette prophétie, me dit Malesherbes ?
« sera-ce vous. Vous êtes trop accoutumé à
« prendre de l'humeur pour ne pas en em-
« ployer une bonne dose dans cette circons-
« tance, et j'ai peur qu'elle ne prenne la pla-
« ce de la vérité. » — « Il se peut bien que
« cela soit, lui répondis-je ; mais cela ne
« m'empêchera pas de dire quelques bonnes
« vérités : je crois même que sans cet assai-
« sonnement je ne saurois bien les dire. D'ail-
« leurs, les prétendus nouveaux chymistes
« font trop de mal à la vraie chymie, ils se
« sont trop mis à la place des vrais chymis-
« tes, pour leur devoir de grands égards. » —
« Hâtez-vous donc, me répondit-il en riant,
« vous et tous vos adhérens, sans quoi je
« vais devenir oxigéniste, et croire que nous
« pouvons brûler sans feu, et que l'eau n'est
« qu'un composé accidentel, quoique les
« mers et les rivières en soient de grands
« magasins. »

C'étoit en 1786 ; je ne pensois pourtant pas
à réaliser encore ce projet, lorsqu'il m'arriva le jeune docteur dont j'ai parlé à la page
17, qui, avec la lettre que j'avois reçue auparavant du comte de Saluces, au sujet du

spath vitreux, m'y détermina. Ce projet étoit d'examiner et de répéter toutes les expérien- ces matérielles sur lesquelles repose en grande partie la base fondamentale des principes de ces nouveaux chymistes ; c'est ce qui appar- tient à la chymie proprement dite. Ce travail dura une partie de 1788, et à la fin de 1789 j'eus l'occasion de retourner auprès de mon bon protecteur, et lui en lus une partie. « Vous voilà, me dit-il avec cet air agréeble « et plaisant qui lui étoit si naturel, fort en « colère, ainsi que je l'avois prévu, contre « les nouveaux chymistes ; je ne sais pour- « tant pas trop comment, avec des faits si po- « sitifs, ils s'en tireront. » — « Ils s'en tire- « ront, lui dis-je, sans beaucoup de dépen- « ses, s'ils se contentent, ainsi qu'un de leurs « principaux chefs, Fourcroy, de dire, com- « me il a dit dans une note d'un certain jour- « nal qu'il faisoit, *que je ne prouvois pas ce* « *que je voulois prouver,* en parlant d'un mé- « moire imprimé dans un des volumes de l'a- « cadémie de Turin, qui traite du même su- « jet, et dont je lui avois envoyé l'extrait. »

Hélas ! je ne savois pas que c'étoit pour la dernière fcis que je jouissois de cette satis- faction. C'étoit à son hôtel, rue des Martyrs : il paroissoit être dans une assiette aussi tranquille que s'il n'y avoit eu rien d'extraordinaire en France. La dernière fois que je l'avois vu, c'étoit à Malesherbes. Il y étoit occupé à reconnoître les plantes qui peuvent vivre sans une succession continuelle d'air : pour cela il avoit fait faire de grandes cloches de verre, sous lesquelles il les faisoit croître ; il y en avoit de fort belles et même de fleuries. Il prit la main de ma fille, encore enfant, pour lui faire voir ces plantes. Cette fois-ci il étoit occupé à mettre de l'ordre dans son cabinet de minéralogie et de chymie, ainsi qu'à faire quelques changemens dans sa vaste bibliothèque. En me quittant, il m'embrassa cordialement selon son usage. Je revins sur mes pas, poussé par un mouvement dont je ne pus me rendre raison ; je l'embrassai de nouveau avec les larmes aux yeux, et partis pour retourner chez moi, c'est-à-dire, au Plessis-Chenêt, avec l'intention d'aller le trouver à Malesherbes, avec ma fille qu'il vouloit revoir depuis qu'il avoit appris qu'elle s'occupoit de botanique, de dessin et de musique. Mais la férocité de la faction de Robespierre ne me laissa pas jouir de cette satisfaction. Je re-

venois de Corbeil, lorsqu'on me fit appercevoir que les sattelites de cet horrible ty-
ran l'entraînoient avec toute sa famille, qui
étoit venue se concentrer auprès de lui à Malesherbes. J'en fus si étourdi que j'en perdis
connoissance. Revenu à moi - même, il me
sembla voir un crêpe funèbre répandu sur
toutes les sciences.

Je n'avois plus pensé à mon écrit, jusqu'à ce
que le hasard m'ayant fait rencontrer sur la
table du cit. Faujas-St.-Fond, mon ami, l'excellent ouvrage de Lamarck, aussi savant en
bonne physique qu'en botanique, je me rappelai de cet écrit. Faujas désira le voir, et
l'ayant lu, il proposa à Jansen, qui venoit
d'imprimer son excellent *Voyage en Angleterre et en Ecosse,* de l'imprimer aussi, et
l'honnête et respectable Jansen voulut bien s'en
charger. Faujas pensa que cet écrit feroit le
pendant de celui de Lamarck, et que les nouveaux physiciens-chymistes, attaqués en même tems dans les deux parties de leur théorie,
n'auroient aucun moyen d'évasion. Faujas,
qui étoit resté attaché aux bons principes, n'a-
voit pu voir sans peine que de nouveaux physiciens, qui étoient encore moins minéralogistes que chymistes, avoient voulu changer

le langage de la minéralogie en un jargon
barbare, et qui décèle à chaque instant leur
ignorance présomptueuse ; et voyant que je
combattois ce même langage à l'égard des
matières chymiques, il croyoit que l'un vien-
droit à l'appui de l'autre, et que de tout cela
la vérité ressortiroit davantage.

TABLE

# TABLE

## DES AUTEURS

### CITÉS DANS CET OUVRAGE.

A.

Achard : chymiste et physicien très-célèbre de l'académie de Berlin. C'est un digne successeur de l'illustre Margraf, son maître, l'honneur de cette académie, le plus exact et le plus modeste des chymistes allemands. Achard lui ressemble du côté de son travail laborieux. Mais il en diffère en ce qu'il entreprend trop de choses différentes à la fois, et que, comme Lavoisier en France, il a voulu ne faire de la chymie et de la physique expérimentale qu'une seule et même science ; aussi a-t-il donné quelquefois, comme celui-ci, des conjectures pour des vérités démontrées, et s'est trompé de même. *Page 55 et 56.*

Z

## B.

Baumé : chymiste pharmaceutique françois, très-renommé, très-attaché à la doctrine de Stahl. Il a eu le mérite de ne pas donner dans les nouveautés des prétendus nouveaux chymistes, de se méfier du résultat de leurs expériences, et de ne pas se laisser séduire non plus par ce qui venoit des chymistes suédois. Il a fait plusieurs découvertes, qui ont fait douter de la solidité du systême des affinités, telle que la décomposition du tartre vitriolé par l'acide nitreux concentré ; mais on a été fâché de lui voir noyer, pour ainsi dire, tout son savoir dans des écrits d'une prolixité ennuyeuse, où il rapporte gravement des puérilités indignes d'un bon chymiste. 109, 140 et 287.

Bergman : chymiste suédois de la meilleure et de la plus grande réputation ; très-célèbre professeur de l'université d'Uspal, et membre très-laborieux de l'académie de Stockholm. Destiné d'abord au génie, il étoit devenu très-savant dans les mathématiques et dans la géométrie ; il ne pensoit nullement à ce qu'il est devenu dans la suite. Mais un coup-d'œil jeté, comme par hasard, sur la chymie, changea tout à coup sa destinée. Son imagination en fut enflammée, et il fut disputer la chaire de chymie vacante à Upsal. Il l'emporta d'emblée ; et dès ce moment ce fut un autre homme : il passoit les nuits comme les jours à

faire des expériences, et à répéter celles des autres. Il entra en correspondance avec tous les
chymistes de l'Europe, sur-tout avec les François, qu'il aimoit par-dessus tous les autres. Bientôt il fut tirer le célèbre Scheele de l'obscurité où
il vivoit alors, dans le laboratoire d'un apothicaire, et le montra à l'Europe étonnée comme un
génie fort extraordinaire. Bergman usa sa santé en
peu de tems, et mourut jeune, fort regretté de
toute la Suède et des chymistes de la France,
mais sur-tout de son roi, Gustave, qui l'aimoit
beaucoup. 91 , 92, 93, 95, 97 et 214.

Bertholet : chymiste pneumatiste très-renommé. Il
a reconnu le premier la nature du sel qui résulte
de la combinaison de l'acide marin oxigéné ou qui
a distillé sur de la manganèse avec les sels alkalis ;
et ayant imaginé de faire avec ces sels une sorte
de poudre fulminante, d'une nature qui devoit produire des effets plus terribles encore que ceux de
la poudre à canon, l'essai qu'il en fit faire en
grand au moulin d'Essonne fut funeste à quelques
assistans, qui furent écrasés contre les murs par
l'explosion terrible qui en résulta. Par-là il montra aux chymistes qu'il avoit confondu la fulmina-
tion avec la détonnation, que depuis l'origine de
la vraie chymie on avoit su distinguer, en comparant l'effet des poudres fulminantes, et de l'or
fulminant, avec celui de la poudre à canon. 116,
219 et 240.

Blumenstein : il est fort connu comme ancien concessionnaire des mines du Dauphiné. C'est le fils d'un célèbre entrepreneur de mines allemand, qui s'étoit fait naturaliser en France. Il fut élève de l'état sous le ministère d'Orry , contrôleur général des finances, et, en cette qualité, on l'envoya étudier l'exploitation des mines dans les différentes entreprises de mines en Allemagne. Il y fut accompagné de Saur de Sainte-Marie-aux-Mines , fils du fameux Saur à qui les ducs de Lorraine et le roi Stanislas avoient concédé toutes les mines de la Lorraine. 18.

Boulanger : ce Boulanger n'est autre que le duc de Liancourt, qui, sous la conduite de Darcet, s'étoit déguisé sous ce nom pour avoir le plaisir d'écrire en chymie. Cette passion l'avoit gagné comme tant d'autres de son espèce ; mais, selon le préjugé d'alors, il n'eût pas été bienséant de paroître sous son vrai nom. 19, 24, 31 , 67 et 68.

## C.

Créel : chymiste allemand fort instruit ; auteur d'un journal de chymie , qui s'est attiré une grande réputation à cause des nouveautés qui y sont publiées et des commentaires que l'auteur y ajoute dans le besoin. 47 et 92.

Cronstedt : inspecteur-général des mines en Suède, et membre très-distingué de l'académie de Stockholm. Il a fait des découvertes de la plus grande importance dans le règne minéral, telles que celles d'un nouveau sémi-métal qu'il a nommé nickel, et de la zéolite. Il est mort jeune, et fort regretté des savans, non-seulement de la Suède, mais de l'Europe entière. 18, 19, 203 et suiv.

## D.

Darcet : docteur en médecine, professeur et démonstrateur en chymie. Un de ses plus beaux titres est d'avoir été le gendre de Rouelle, l'instituteur de la chymie en France. On s'attendoit à voir paroître par ses soins le cours de chymie de ce grand et premier maître ; personne ne pouvoit y donner plus de perfection que lui ; mais diverses circonstances s'y sont opposées sans doute. La sagesse ainsi que la grande pratique de ce chymiste ne lui ont pas permis d'adopter les idées des nouveaux chymistes sans de grandes restrictions. 314.

Duhamel du Monceau a été le plus infatigable académicien que l'académie des sciences de Paris ait eu dans son sein ; il a touché à presque toutes les parties des sciences physiques, et y a fait souvent des découvertes. Ses liaisons avec le chymiste Gross, Allemand, en firent un chymiste déterminé. Mais après la mort de ce dernier, il retourna à son premier goût pour l'agriculture. 279.

## F.

Foderé : docteur en médecine de la faculté de Turin, actuellement médecin de l'hôpital civil de Marseille ; il fut adressé à l'auteur de cet écrit par plusieurs membres de l'académie de cette ville. Il suivit d'abord avec ardeur les principes des nouveaux physiciens-chymistes, et en devint un des apôtres les plus zélés ; mais l'expérience l'ayant éclairé, il changea d'opinion : et étant retourné à Turin, il écrivit, à l'égard de l'acide prétendu déphlogistiqué, qu'il croyoit que la doctrine des nouveaux chymistes étoit susceptible des mêmes difficultés que l'ancienne. 17.

Fontana ( l'abbé ) : physicien célèbre en Italie et en France. Il est en Italie, sa patrie, ce qu'a été Priestley dans la sienne ; mais il embrasse plus d'objets que lui. Il s'est également appliqué à développer les principes des végétaux et des minéraux, et à en connoître les propriétés. 127 et 275.

Fourcroy : docteur en médecine, membre de l'académie des sciences de Paris, de Suède, etc. ; professeur en chymie au Jardin des Plantes : il est fils d'un apothicaire de ce nom, et par conséquent élevé dans la chymie pharmaceutique, et très-attaché d'abord à la doctrine de Stahl, comme tous les pharmaciens de Paris. Il fut fortifié dans ces principes par son maître Bucquet, qui faisoit des cours où il tâchoit d'unir la minéralogie à la chymie, afin de se distinguer des Rouelle, qui n'enseignoient que la bonne chymie seulement. Fourcroy, fidèle à cette manière d'enseigner, fit des cours pour son propre compte après la mort de son maître, et en publia le résultat en conservant la doctrine de Stahl. Mais s'étant lié avec Lavoisier et les autres chymistes pneumatistes, il changea peu à peu d'opinion, devint un des adeptes de cette nouvelle doctrine, et son promulgateur, et fut enfin dans ses cours et dans ses ouvrages, à l'égard de cette nouvelle théorie, ce que Macquer a été pour la vraie chymie ou chymie stahlienne. 14, 230, 232, 279, 284 et 288.

# G.

Gahn : chymiste et minéralogiste suédois, un des plus exacts et des meilleurs observateurs ; il a cru avoir découvert un nouveau sémi-métal dans la manganèse. 216.

Glauber : chymiste pharmaceutique allemand. Il fit connoître le premier la décomposition du sel marin par l'acide vitriolique et le sel qui en résulte à qui on a donné son nom. Sa pharmacopée chymique contient beaucoup de choses importantes, sur-tout pour le tems où il écrivoit. Mais il y est

mystérieux selon l'esprit de son tems. Au surplus, on lui a l'obligation, ainsi qu'à Kunckel,
son successeur, de l'art de tirer les esprits acides des sels où ils sont contenus. 98.

Gross : médecin et chymiste allemand, retiré chez
Boulduc, premier apothicaire du roi, et démonstrateur en chymie au Jardin des Plantes , dont il
étoit l'oracle. Boulduc le fit entrer à l'académie
des sciences ; il fit beaucoup d'expériences en
commun avec Duhamel ; mais il s'en falloit bien
qu'il fut guéri totalement de la manie de l'alchymie ; et souvent il avoit des disputes à l'académie à cause de cela, sur-tout avec Bourdelin,
professeur au Jardin des Plantes, qui avoit les
idées les plus saines sur la chymie, et qui ne la
cultivoit que pour la médecine. 279.

## H.

Hellot : simple homme de lettres d'abord, et rédacteur de la *Gazette de France*. En fréquentant
les Geoffroy, ses parens, et en les voyant opérer
dans leur laboratoire, qui étoit alors le rendez-
vous de tous ce qu'il y avoit à Paris des savans en
chymie, il prit du goût pour cette science, suivit leurs travaux, s'attacha principalement à ceux
qui se faisoient sur les minéraux. Il devint es-
sayeur des mines de France, sous les contrôleurs-
généraux des finances Orry et Trudaine le père,

et entra à l'académie des sciences. Il composa un traité des teintures par ordre du gouvernement, en rassemblant tous les procédés en usage chez les ouvriers, et mit en françois le *Traité de la fonte des mines*, par Schlutter, qu'avoit traduit de l'allemand Kœgny, directeur des mines de Poulluen en Bretagne, et obtint une pension considérable de l'état. 98.

Henckel : chymiste et minéralogiste allemand ; un des plus savans et des plus érudits. Il étoit devenu capitaine-général des mines à Freyberg en Saxe, dans un tems où la qualité de docteur en médecine, dont il étoit revêtuu, étoit regardée en Allemagne comme le premier degré de mérite dans toutes les sciences physiques. C'est le dernier de cette espèce que les princes de Saxe y aient employé. Son *Traité de la pyrite*, ou *Pyritologie*, quoique sortant continuellement des bornes que devoit lui prescrire son plan, sera toujours regardé comme un chef-d'œuvre en métallurgie et en minéralogie, ainsi que son *Traité de l'appropriation*, quoique contenant des choses bien moins importantes. 235.

Hermestedt : chymiste allemand, se traînant sur les pas de Scheele, auquel il étoit fort attaché, et sur ceux des pneumatistes françois, qu'il regarde comme des oracles. 176.

## J.

Juncker : professeur en chymie à l'université de Hall , et successeur du grand Stahl. Il écrivit des cahiers pour ses leçons, qui sont un assemblage de tous les faits connus de son tems en chymie ; mais il y mêla tous les préjugés et toutes les prétentions des alchymistes ; ce qui en fit un ouvrage fastidieux et pernicieux à bien d'égards pour les jeunes gens. Demachy, apothicaire de Paris, si connu par ses autres traductions, tira cet ouvrage du latin, et y incalqua ses propres idées avec ce ton tranchant et magistral qui l'a si bien fait connoître depuis, au lieu de n'en prendre que ce qui pouvoit avancer les progrès de la chymie en France ; mais par-là il se seroit ôté le mérite de commentateur. 97 et 98.

## K.

Kirwan : chymiste et minéralogiste anglois. C'est le premier savant anglois qui ait montré un grand zèle pour cette partie des sciences physiques , et qui ait voulu naturaliser cette science parmi ses compatriotes. Il a donné des *Elémens de minéralogie* fort estimés , quoiqu'ils soient fort légérement écrits, et qu'il n'y ait à peu près que ce qu'il y a dans tous les livres qu'on a publiés sur cette matière, en Suède, en Allemagne et en France. 13.

Kunckel : il peut être regardé comme un des gé-
nies les plus extraordinaires de l'Allemagne, et le
seul bon chymiste qui, sans être guidé par les
préjugés de la médecine et de la pharmacie, auxquels il étoit étranger, ait poussé la chymie pour
elle-même aussi loin qu'il étoit possible de son
tems. Il a été le précurseur de Stahl, et vraisemblablement sans lui, cet illustre chymiste n'eût
pas porté cette science aussi loin qu'il l'a fait.
Aucun chymiste n'avoit fait avant lui autant
d'expériences et imaginé autant d'appareils qu'il
l'a fait. Son *Laboratoire chymique* fut le seul
guide pendant long-tems de tous les chymistes allemands et de beaucoup d'autres qui entendoient
cette langue. On s'étonnera sans doute que cet
ouvrage, qui le mérite à tant d'égards, n'ait pas été
traduit en françois ; mais tel a été son sort qu'on
l'a entrepris plusieurs fois inutilement. La dernière
fois il l'a été par Deliège fils, apothicaire de Paris, aidé par Devilliers, docteur en médecine de
la faculté de Paris, si connu par sa *Bibliomanie
alchymique*. Le baron de Holbach devoit revoir
cette traduction, lui, qui avoit déja rendu de grands
services à cet égard aux chymistes françois, lorsqu'un incident vint encore renverser cette entre-
prise.

L'application que faisoit Kunckel de la chymie aux
arts et aux manufactures, tandis que jusqu'à lui

eette science ne sembloit être destinée que pour la médecine, portèrent le duc de Saxe, Albert, à l'appeler auprès de lui, et à le mettre à la tête de sa verrerie; et bientôt il fut le premier verrier de l'Europe. Ses commentaires sur l'art de la verrerie de Nery et Merret, Italiens, sont encore le meilleur guide que les verriers aient, aussi bien que les pottiers de terre, qui y trouvent tous les procédés nécessaires pour faire leurs émaux. C'est lui qui a imaginé le premier ces matières vitriformes et opaques, qu'on peut varier à l'infini.

Mais Kunckel ne s'étoit pas borné à la pratique seulement. Curieux, comme tous les chymistes, de savoir le *comment des choses*, il avoit imaginé un *calidum* et un *frigidum* par lesquels il expliquoit tous les phénomènes de la chymie, et cela de la même manière à peu près que l'expliquent aujourd'hui les prétendus nouveaux chymistes : le *calidum* étoit leur calorique, et le *frigidum* à peu près ce que Lavoisier a nommé oxigène. Ces deux principes opposés l'un à l'autre, en se combinant diversement, formoient tous les phénomènes de la chymie, tous les acides et toutes les matières salines. Il est vrai qu'il faut être au fait de son esprit et de ses finesses pour entendre tout cela ; il s'enveloppoit souvent d'obscurité, comme ne voulant pas faire connoître trop facilement aux esprits vulgaires ses profondes conceptions, selon l'esprit qui régnoit alors parmi les savans ; et voilà ce qui rendoit la traduction de son *Laboratoire chymique* si difficile. 98.

## L.

Lametherie : il s'est fait connoître d'abord par la rédaction du *Journal de physique*, que lui céda Mongez le jeune, lorsqu'il partit avec le malheureux Lapeyrouse pour faire le tour du monde, et ensuite par un ouvrage sur les airs , qu'il classe à la manière dont les minéralogistes classent les minéraux. Mais son affectation de parler politique dans un journal dont l'objet n'y a aucun rapport , le rendit ridicule. Ensuite il publia une *Description physique du globe*, où l'on ne reconnoît pas plus le vrai minéralogiste que l'on avoit reconnu le chymiste dans son ouvrage sur les airs. 75 et 176.

Lavoisier : fils d'un procureur au parlement de Paris, janseniste , et en cette qualité ami de Guettard , le premier qui se soit occupé de la minéralogie géographique en France. Celui-ci s'appercevant des grandes dispositions du jeune Lavoisier pour les sciences physiques, lui promit de le pousser et de le faire entrer à l'académie des sciences , à quoi il réussit bientôt, c'est-à-dire, après que son élève eût suivi les cours de physique expérimentale de l'abbé Nollet, et ensuite ceux du célèbre Rouelle. Guettard étant occupé alors à la formation des cartes minéralogiques de la France, il l'emmena avec lui parcourir la Lorraine, l'Alsace et la Franche-Comté à cet effet; et de cette longue tournée sortirent les douze premières parties des cartes de cet atlas.

Alors l'air fixe faisoit beaucoup de bruit; c'étoit comme un être nouvellement créé, quoiqu'il eut été traité autrefois par un médecin saintongeois, par Boerhave et par Hall même. Comme tout est mode en France, même parmi les physiciens, il n'étoit question à tout propos que de cet air; selon l'enthousiasme qu'il excitoit, rien n'étoit sans lui. Lavoisier, chez qui tout ce qu'on disoit de ce merveilleux principe, réveilloit le goût naturel pour la physique, accueillant attentivement tout ce qui venoit de la part du célèbre Priestley et des autres physiciens chymistes, s'en déclara bientôt le protecteur le plus déterminé; il en rassembla tous les phénomènes, et en publia un opuscule qu'il dédia à Trudaine le fils, qui l'avoit accueilli au château de Montigny, dans le tems que le célèbre Priestley y étoit venu pour répéter une partie de ses plus belles expériences. Lavoisier, sentant son courage s'élever à proportion qu'il couroit cette carrière, attaqua bientôt le phlogiston ou le feu principe de Stahl, comme un être de raison, et lui en substitua un autre qu'il appela oxigène, d'un nom grec qui signifie base fondamentale des principes. La dissertation qu'il lut là-dessus à l'académie des sciences, quoique écrite avec modestie et des raisons plausibles, fut comme un coup de foudre pour les chymistes. Une guerre très-vive s'en éleva tout à coup entre les stahliens et les pneumatistes , c'est-à-dire , entre les vrais chymistes et cette espèce de physiciens qui vouloient que toute la chymie ne consistât que dans la combinaison des airs et dans leurs effets. On crut d'abord que l'auteur principal de cette doctrine, Priestley ( puisque c'est lui qui le premier fit connoître cet air pur qu'il appela vital, dans lequel Levoisier puisa son oxigène ), prendroit le parti de l'anéantissement du phlogistique, et soutiendroit en tout son disciple ; mais on fut fort étonné de le voir écrire contre lui, et prétendre que c'étoit une très-grande ignorance que de méconnoître un principe inflammable quel qu'il fut, et que l'oxigène ou base de l'air vital ne pouvoit en aucun cas remplacer.

Il s'étoit déja fait une scission entre les vrais chymistes ou anciens et les pneumatistes ; alors il y en eut un autre entre les pneumatistes eux-mêmes. Priestley resta à la tête de ceux qui admettoient le principe inflammable de Stahl, indépendamment de l'oxigène ; et Lavoisier fut abandonné dans son parti avec quelques acolites, tels que Fourcroy, Morveau ; et il s'y fortifia même en soutenant que le feu lui-même n'étoit qu'accidentel ; mais lorsqu'il entra dans le détail de ses effets, il ne put faire autrement que d'imaginer un calorique qui échauffoit son oxigène, comme avoit fait Kunckel ; et dès-lors il se contraria lui-même, et fortifia, sans le vouloir, le parti de Priestley. Comme c'étoit-là la partie galleuse du système de Lavoisier, il cherchoit à en rectifier ce qu'il y avoit de défectueux, lorsque les barbares féroces du dix-huitième siècle le firent périr, au grand regret de tous les savans et d'une femme chérie, qui pleurera long-tems ses malheurs, ainsi que ses nombreux amis. C'est ici le cas de faire observer que la réputation qu'on acquiert dans le monde, même savant, est due en grande partie à l'éclat qu'on y fait. Lavoisier étoit fort riche, et estimé en conséquence. Il étoit fermier-général, et le premier sans contredit qu'on eut vu de ce mérite ; aussi étoit-il fort considéré de ses confrères, qui s'estimoient heureux et honorés de l'avoir parmi eux. 143, 224, 240 et 241.

Leblanc : chirurgien de Paris, que le goût pour la chymie, et sur-tout pour cette partie où il ne s'agit que de faire de simples recherces, si convenables pour ceux qui, ayant d'autres occupations, n'ont pas le tems de suivre des expériences au feu ; Leblanc, à qui son goût pour la chymie simple avoit fait examiner la classe des sels surcomposés que j'avois fait connoître le premier dans mon *Traité des eaux minérales*, a fait d'excellentes observations à cet égard, et a fort étendu la classe de ces sels. C'est ce que le docteur Duchanoy a fait à l'égard des eaux minérales artificielles, comme on peut le voir par son ouvrage sur ces eaux. 194 et 201.

M.

## M.

Macquer : chymiste françois, élémentaire, docteur
en médecine, membre de l'académie des sciences de Paris, et professeur de chymie au Jardin
des Plantes ; le plus méthodique et le plus élégant
des écrivains en chymie. Jusqu'à lui la France
n'avoit pas eu d'écrivain capable de faire aimer la
chymie et de lui donner le degré d'intérêt qui put la
rendre recommandable parmi le beau monde. Son
grand mérite fut de la mettre à portée de tous les
esprits, et d'inspirer le goût de l'étudier ; c'est
en prenant pour base l'affinité qu'ont les corps
les uns pour les autres, en rassemblant avec ordre tous les phénomènes connus qu'elle présente,
et en la séparant de tout ce qui paroissoit lui être
étranger, ainsi qu'en la dégageant de cette galle
que les préjugés de l'alchymie lui avoit laissée,
qu'il parvint à en faire un corps de doctrine.
Mais il ne la montra par-là qu'en surface, et la
laissa sans profondeur, jusqu'à ce que, forcé par
des nombreuses découvertes, il vint à lui donner
plus d'étendue dans son *Dictionnaire de chymie*.
Il fut le commentateur de l'esprit de Geoffroy
l'aîné, qui, dans un mémoire, avoit rassemblé
avec soin les principaux phénomènes des affinités.
Mais s'attachant trop fortement à ce principe, et
regardant ces affinités comme des loix fixes et
invariables, Macquer rejeta trop souvent tout ce

qui s'en écartoit;s'indigna de ce que l'auteur de cet écrit en eut présenté de nombreuses exceptions , et força celui-ci à lui répondre à la fin de son *Essai de minéralogie* de manière à lui ôter toute excuse sur son incrédulité. 7, 43, 89 et 91.

Margraf : célèbre chymiste de Berlin, le plus exact et le plus laborieux des chymistes comme le plus modeste. Les expériences qu'il a faites sont innombrables ; et il a fait plus de découvertes importantes lui seul que tous les chymistes ensemble qui l'avoient précédé depuis l'institution de la chymie:telle que celle de la nature de l'acide du phosphore, et a par conséquent avancé lui seul cette science plus qu'aucun autre : aussi sa réputation s'étendit-elle d'un bout de l'Europe à l'autre sans la moindre tache sur sa manière de travailler ; et sera toujours le meilleur modèle d'après lequel les jeunes chymistes pourront se former. 8, 18, 95, 280 et 281.

Meyer : chymiste allemand , qu'il ne faut pas confondre avec le célèbre Meyer d'Osnabruck ; celui-ci n'en a ni le génie ni l'exactitude. C'est un homme qui s'étoit laissé séduire par les idées des chymistes pneumatistes, et qui croyoit sur parole tout ce qui venoit de leur part. 49.

Migniot de Montigny : trésorier de France. Il s'adonna à la chymie pour entrer à l'académie des sciences. Lié avec les Trudaine père et fils , il devint commissaire pour les objets de commerce, et remplaça Hellot relativement à l'essai des minéraux. Peu d'hommes ont montré plus de patience et de constance dans les travaux chymiques : vertus extrêmement rares chez cette espèce d'hommes ; aussi parvenoit - il à obtenir souvent des résultats que personne autre n'obtenoit. Lié aussi avec le ministre Bertin, il devint commissaire pour la manufacture de porcelaine de Sèvres, avec Macquer, à qui Hellot avoit fait donner cette partie. 127.

Morveau ( Guyton de ) : autrefois avocat-général au parlement de Dijon. L'amour de la chymie lui fit quitter cet état ; il rendit célèbre l'académie de cette ville , où il y fit des cours de chymie dont il imprima le résultat. Cet ouvrage fut recherché à cause des nouveautés qu'il présentoit. Il fut fort attaché d'abord à la doctrine de Stahl, se lia avec tous les chymistes de ce parti , et fut l'ami de Macquer ; mais il s'en détacha peu à peu , à mesure que la nouvelle doctrine prenoit faveur, et laissa les anciens chymistes pour Lavoisier et ses adhérens. 9, 51 et 62.

## N.

Neuman : célèbre disciple de Stahl ; il s'attacha principalement à la partie de la chymie pharmaceutique ou relative à la médecine, et y fit de grands progrès. Sa *Chymie pharmaceutique* est encore le meilleur livre qu'on ait en ce genre. 97 et 98.

## P.

Pott : c'est le chymiste le plus érudit et le plus savant de l'Europe ; possesseur de la plus vaste bibliothèque chymique qu'on eut vu, il étendoit ses écrits au dépens des nombreuses citations qu'il en faisoit. Il avoit une si grande mémoire et avoit si bien l'habitude de sa bibliothèque, qu'il connoissoit le contenu de chaque page de ses livres, et pouvoit indiquer à l'instant l'endroit où étoit l'objet dont on parloit. Ses nombreuses et très-longues dissertations sur tous les objets importans du règne minéral ont, en même tems qu'elles ont éclairé les chymistes, donné occasion au développement de la minéralogie chymique, puisqu'il y fait l'histoire naturelle de l'objet dont il parle ; mais il ne sut pas toujours séparer le bon du mauvais. Il emploia souvent les idées des alchymistes à la place de celles des véritables chymistes. Il rendit des services bien plus importans à la science en composant sa fameuse *Lithogéognosie*, ou *Examen des pierres et des terres par le feu et les dissolvans*, ouvrage qui a fixé enfin la nature des principales terres, et les a fait distinguer les unes des autres. C'est l'ouvrage le plus complet qu'on

ait encore en ce genre ; il lui coûta plus de trois
cents expériences, qu'il fit au moyen d'un fourneau particulier qu'il inventa, et qui fut le modèle d'après lequel se réglèrent tous ceux qui vou-
lurent employer le feu sans l'aide des soufflets,
comme Macquer, qui en fit construire un pareil
à Paris pour essayer les terres et pierres à porcelaine. 97.

Priestley : le plus savant et le plus laborieux physicien que l'Angleterre ait produit. Il avoit fait
plus de trois mille expériences, pour fonder la
doctrine des airs ou rejeter les conséquences que
tiroit des siennes Lavoisier et les autres chymistes pneumatistes françois, qui rejetoient le principe de Stahl nommé phlogistique. Il s'étoit formé
le laboratoire le plus complet et le plus riche en
vaisseaux de physique et de chymie, lorsque la
canaille la plus infame que l'Angleterre ait eue ,
vint renverser tout son établissement, et l'obligea
à se sauver dans les Etats-Unis de l'Amérique. 8.

## R.

Rouelle, l'aîné, a été la lumière la plus brillante de
la chymie en France ; il y a été ce que Becker et
Stahl furent en Allemagne ; il a donné du corps
à cette science, dans des cours les plus étendus
et les mieux expliqués qu'on eut vu. Ses cours de-

vinrent l'école la plus savante et la plus brillante de l'Europe. Il eut l'honneur de voir au nombre de ses disciples les hommes les plus distingués, et les savans de la première classe, tels que Malesherbes, le baron de Holbach, J. J. Rousseau, Diderot, etc. Ses cahiers, qui se répandirent comme un ouvrage imprimé, furent la règle de tant de livres de chymie qui parurent depuis. 158 et 287.

Rouelle, le cadet, n'a pas démenti le génie de son frère ; il étoit remarquable sur-tout par la dextérité et la facilité avec laquelle il opéroit. Il a fort étendu l'analyse végétale de son frère, et beaucoup plus encore celle du règne animal. 95 et 280.

## S.

Schaele : chymiste suédois fort renommé, membre de l'académie des sciences de Stockholm, ami de Bergman, à qui il devoit son élévation, et de tous les bons chymistes de l'Europe. Il sera toujours fort étonnant qu'un homme privé de tous les avantages de la fortune, et qui étoit, pour ainsi dire, caché dans une boutique d'apothicaire pour vivre, ait pu s'élever sans le moindre secours aux plus hautes spéculations de la chymie, et ait fait en conséquence beaucoup d'expériences qu'il ne pouvoit point achever et dont il ne pouvoit pas, à la vérité, suivre le résultat aussi loin qu'il auroit dû ; ce qui fut cause qu'il n'a souvent vu les choses que confusément. Son *Traité du feu*, qu'il a fait de cette manière, sera néanmoins toujours fort étonnant. C'est ainsi que le célèbre Rouelle, caché dans le laboratoire d'un Pelêt, apothicaire de Paris, cherchoit à renverser les préjugés qui s'opposoient aux progrès de la chymie, et à la faire sortir de l'obscurité où elle étoit comme ensevelie. 7, 8, 9, et suiv.

Stahl : c'est le plus grand et le plus profond chymiste que la nature ait produit, puisque sans secours il a su tirer la chymie véritable de la fictive, et lui donner la consistance qui l'a rendue recommandable parmi les hommes polis. C'est en commentant la chymie de Becker, alliage grossier de vraie chymie et d'alchymie, que la brillante imagination de Stahl s'enflamma, et qu'il conçut les principes qu'il posa depuis dans différens autres ouvrages. Il substitua à la terre mercurielle de Becker, et au calidum de Kunckel, le phlogiston ou phlogistique, et expliqua par lui presque tous les phénomènes de la chymie. Ses *Traités des sels et du soufre* sont des chefs-d'œuvre, auxquels le chymiste le plus exercé comme le plus savant ne sauroit rien ajouter aujourd'hui. Il eut été encore plus loin, si le roi Guillaume, père du grand Frédéric, ne l'eut appelé auprès de lui en qualité de son premier médecin. Ce fut une perte irréparable pour la chymie ; et, comme si la nature se fut épuisée en le produisant, il ne put être remplacé dans l'université de Hall. 61, 95, 97 et 235.

## W.

Westrumb : chymiste allemand. Jeune il a saisi avec avidité toutes les nouveautés qui venoient de la France et de la Suède. Mais il s'est attaché spécialement à une partie trop négligée par rapport à la minéralogie ; c'est celle qui concerne l'analyse des minéraux, dont Bergman et l'auteur de cet écrit lui avoient donné l'exemple. Il a fait un ouvrage particulier pour cela, où il expose toutes les analyses qu'il a faites, celles même de certaines pierres précieuses que l'on ne croyoit pas décomposables ; mais il a été contredit en cela et en d'autres choses pas des chymistes qui prétendoient avoir fait les mêmes essais. 92 et 176.

Wiegleb : chymiste pharmaceutique allemand. Il a publié des *Elémens de chymie*, qui ont produit parmi la jeunesse allemande à peu près ce qu'ont produit ceux de Macquer parmi celle de France. Il s'est garanti ou s'est méfié des nouvelles idées : c'est un éloge qu'on doit aux chymistes de cette classe. Mais il a eu le défaut de

beaucoup d'autres, d'entasser dans son ouvrage autant de choses étrangères qu'il a pu ; en
quoi il a fort différé de Macquer, qui a su se
renfermer dans le cercle que lui prescrivoit la
science. 91 et 92.

FIN DE LA TABLE DES AUTEURS,

# TABLE

## DES SOMMAIRES

### CONTENUS DANS CE VOLUME.

# TABLE

## DES MATIÈRES

### CONTENUES DANS CE VOLUME.

———

**A.**

ble avoir plus d'affinité avec elle ; 64. Se cristallise comme l'huile de vitriol glacial étant uni
à de la terre du spath. 28.

Acide nitreux et marin distillés sur le spath élevant de la terre du spath ; la lessive du bleu
de Prusse, en précipite du bleu de Prusse. 73,
76 et 77.

Acide du vinaigre élève aussi de la terre du spath
dans la distillation. 84.

Acide de l'arsenic prétendu ; l'erreur de Scheele
à cet égard, 45 et 46. Regardé par les chymistes pneumatistes, comme formé par l'oxigène *ib*.

Acide marin emporte le fer dans sa distillation
avec la manganèse ; combiné avec les alkalis,
n'a aucune des propriétés y relatives. 227, 228
et 229.

Acide du sucre, n'est pas celui de Scheele et des
nouveaux chymistes ; leur erreur à ce sujet. 90
et 91.

Acide nitreux se décompose en distillant sur des
matières inflammables et sur les métaux, et avec
le sucre. 98 et suiv. 103.

Acide marin donne avec le sucre de belles cristallisations salines, 112. Ses propriétés, 123. S'affoiblit en distillant sur la manganèse ; raison pourquoi, *ibid*. 184. Perd son oxigène étant exposé à
l'air, 187. Se neutralise avec le minium, 123. ; et
n'a aucune des propriétés de l'acide marin oxigèné. *ibid*.

Acide du sucre plus pesant qu'on ne croit ; 134.

Combiné avec les alkalis et la terre calcaire, forme des sels noirâtres, *ibid.* Dissout les métaux *ibid.* 135. Pur, semblable à celui du vinaigre radical ; il abonde dans le sucre. 139.

Acide du tartre n'est pas ce que pense Scheele. 276 et suiv.

Acides, ils se combinent avec le sel végétal sans rien précipiter, pourquoi. 280 et 281.

Acide marin oxigène n'est fort qu'autant qu'on en a employé beaucoup, est très-fort sur la manganèse. 245.

Acide oxalique de Scheele n'est qu'un sel essentiel. 252 et suiv. Le véritable étant pur et volatil, semblable à celui du sucre et à celui du vinaigre, 256, 257 et 268. Donnent tous des sels semblables, étant combinés avec les alkalis, dégagés de ces sels par l'acide vitriolique, semblables à l'acide du vinaigre radical. 263.

Acide pur de l'oseille ne fait point précipiter le mercure de son dissolvant comme l'impur ; raison de cela. 267.

Acide du vinaigre combiné avec le fer, donne une matière saline noirâtre ; de même avec l'acide de l'oseille et celui du sucre ; 270. Avec le cuivre, ils forment des sels verds pareils à celui du vinaigre. 271.

Acide spathique, ou qui a eté distillé sur le spath, dissout le fer, le zinc et autres métaux, et forme avec eux des sels tout pareils à cet acide dans son état naturel. 42 Cet acide diffère autant que les acides qui ont servi à le retirer. 52.

Acide marin oxigéné calcine le fer, comme l'acide nitreux à peu près. 330. Donne du bleu de Prusse avec la lessive, preuve qu'il contient du fer. 191.

Air acide cause de la forme cristalline des minéraux. 18.

Alkalis caustiques, ou pierre à cautère, rendus tels par la seule addition de la chaux, fort différens de ceux qui n'ont été que simplement calcinés. 59.

Alkalis nuisibles à la réduction du fer. 202 et 203.

Argent précipité de son dissolvant par la terre du spath, cause de l'erreur de l'homme qui a pris le nom de Boulanger. 67.

Arsenic n'est point précipité entièrement de ses dissolvans par les alkalis ; sels singuliers qui en résultent ; 150 et 151. Natif se comporte de même avec les acides, 150, 151, 155 et suiv. Enlevé par l'acide marin dans la distillation, est précipité en bleu de Prusse, par la lessive du bleu de Prusse en un bleu de ciel. 149 et 166.

Arsenic ne sature jamais entièrement les acides ; est avec eux comme acide. 16. Ne se sépare pas entièrement de ses dissolvans ; lorsqu'on le précipite par les alkalis, on en trouve dans les sels qui en résultent. 150 et 151.

## B.

Beurre d'arsenic n'est qu'un sel avec excès d'acide ;
preuve dans le sel arsenical réduit en beurre par
l'addition pure et simple de l'acide marin. 163.

Bleu de Prusse ; la liqueur qui le forme, précipite la terre du spath, et forme du bleu de
Prusse véritable 71 et 72. Par l'acide marin oxigèné. *ibid.*

## C.

Charbon du sucre extrêmement boursouflé. 137.
Brûlé laisse une terre particulière, et de la terre
du sel d'Epsom. 138.

Chaux métalliques, ou oxide des nouveaux chymistes, ne passent pas cet état, quelque quantité d'oxigène qu'elles reçoivent, ou quelque
tems qu'on les calcine, et sont toujours susceptibles de prendre leur forme métallique par l'addition des matières inflammables. 176.

Chaux de fer se modifie selon les matiéres avec
lesquels elle se fond. 218.

Chaux de plomb, élevée dans la distillation par l'a-
cide marin, lorsqu'il y est en excès. 223.

Chaux, altère le tartre plus vivement et d'une autre manière que la craye, mais n'en sépare pas
l'alkali, comme Scheele et les nouveaux chymistes le pensoient. 309 et suiv.

Chymistes pneumatistes considèrent comme véritables acides, les sels essentiels des plantes, et autres ayant des bases grossières, 248. Leur erreur à ce sujet. *ibid.*

Confiance des chymistes français aux expériences de Scheele ; erreurs qui résultent de cette confiance. 7.

Cronstedt avoit remarqué le premier la phosphorescence des spaths vitreux ; 18. Il la regardoit comme étant dû au principe inflammable ; 19. Boulanger avoit fait la même remarque. *ibid.*

Croûte terreuse formée sur la liqueur résultante de la distillation du spath avec l'acide vitriolique ; ce que c'est. 22, 23 et 24. Cornue endomagée par cette distillation , *ibid.*

## D.

Différence qu'il y a entre la terre du spath montée dans sa distillation avec les acides, et celle qui ne l'a pas été , 60. La terre provenant des acides distillés , remonte dans d'autres distillations avec les acides. 66,

Difficulté d'avoir le sel d'Epsom pur sans être mêlé de vitriol : tous noircissent plus ou moins avec la noix de galle , ou se précipitent en bleu de Prusse. 198

Distinction importante à faire entre les sels alkalis rendus caustiques par l'addition de la chaux , et ceux qui ne l'ont été que par la calcination seule ; erreur des chymistes à ce sujet. 59.

E.

## E.

Email, sorte d'émail que donne la terre du spath par sa fonte avec l'alkali , 55. Différence à cet égard entre cette terre et celle du quartz. *ibid.* Le verre de celle du quartz est toujours transparent ; celui de la terre du spath est toujours opaque , et semblable à de l'émail. *ibid.*

Effet terrible des sels résultants de la combinaison de l'acide marin manganesé avec les alkalis, de même que celui de toutes les poudres fulminantes et de l'or fulminant ; ces sels diffèrent de celui de la poudre à canon ; fulminent mais ne détonnent pas comme la poudre à canon. 243 et suiv.

Erreur de Scheele , qui a pris la matière saline en masse blanche, résultante de la précipitation de la terre du spath par les alkalis , pour un caractère de son acide spathique. 36.

Eerreur de Scheele et de ses adhérens , tel que Fourcroy, d'avoir cru décomposer complettement le tartre par la chaux et d'en avoir séparé son alkali. 284 et 285.

Erreur de Scheele et de ses adhérens de s'être persuadés que l'union de cette terre avec les débris du tartre, étoit un sel très-insoluble. 318.

Erreur de croire que le véritable acide du tartre forme un sel très-peu soluble dans l'eau lorsqu'on le combine avec la chaux. 318.

B b

## H.

Huile du sucre extrêmement odorante et agréable.
133 et 134.

## I.

Idées de Scheele favorables aux chymistes pneumatistes. 12 et suiv.

## M.

Margraf rejette l'idée de l'existence d'un acide particulier dans le spath. 8.

Manganèse affoiblit l'acide marin lorsqu'on le fait distiller dessus ; raison pourquoi. 184. Elle en retient une partie, 188. Donne une terre à l'acide marin dans sa distillation sur elle, 190. Une grande partie de ce qui la constitue , est de la terre magnésienne. 195. N'est autre chose que l'union de la chaux de fer avec la terre du sel d'Epsom. 203 et 218.

Mercure, il n'est point dissout par l'acide marin oxigéné, et n'en est point converti en mercure corrosif ; 231. Erreur des pneumatistes à ce sujet, ou leurs faussetés. 232 , 233 et 236.

Mercure saturé d'acide marin, se présente toujours dans un état corrosif. 234.

l'acide marin à l'air, 187. N'est point acide par lui-
même, et n'augmente pas l'acidité des acides. 223.

## P.

Phosphorescence, elle ne se montre pas toujours dans
le spath vitreux, 18. Cronstedt l'avoit remarqué
comme caractère propre de cette substance, *ib.*

Précipitation de l'arsenic de l'acide marin par le
moyen seul de l'eau, 181.

Plomb : chaux de plomb élevée dans la distillation
de l'acide marin. 223.

Priestley rejette les conséquences des expériences
de Scheele sur le spath vitreux. 8.

## Q.

Quartz ne monte pas comme la terre du spath dans
la distillation de l'acide vitriolique ; erreur ou
fausseté de Meyer à se sujet, 49. Indissoluble
absolument dans les acides. 62.

## R.

Réduction du fer n'a pas lieu dans les essais en petit,
si la chaux de fer est trop étendue par d'autres
terres, et si on n'emploie pas un flux dur et solide,
202 et 203. Sels alkalis nuisibles à cette réduction. *ibid.*

Bb 3

Régule obtenue de la manganèse, 215. Il est de la
nature du fer de gueuse, mais colore les acides
en rose; se dissout dans les mêmes acides que
le fer. 216 et 217.

## S.

Secret de Glauber par l'alkali volatil. 37 et 38.

Sel acide du sucre obtenu par l'acide du nitre ne
détonne pas comme le nitre. 114. Fait avec l'acide
marin, se cristallise en belles aiguilles, 122. Dé-
crépite sur les charbons ardens comme le sel
marin. *ibid.* et suiv.

Sels acides ou avec excès d'acide regardés par les
chymistes pneumatistes, comme de véritables acides. 157.

Sel acide arsénical a un point de saturation, selon la théorie de Rouelle. 158.

Sel ammoniacal arsenical fait par l'alkali volatil qui
a servi à précipiter l'arsenic de l'acide marin,
164 et 165. Il se combine avec les sels neutres.
*ibid.*

Sel arsenical particulier en belles aiguilles, résultant de la précipitation de l'arsenic de son dissolvant par l'alkali volatil. 150 et 151.

Sels arsenicaux différens, selon la manière dont ils
ont été fait, 160 et 161. Se dépouillent de leur
acide par le lavage, comme tous les sels de cette
espèce, 162 et 163. Ne s'y soutiennent pas sans
un excès d'acide. *ibid.*

**Sels** avec excès d'acide se décomposent à la moindre chaleur. 16 et 110.

**Sel de Glauber** obtenu par la précipitation de la terre du spath, de l'acide vitriolique, au moyen des cristaux de soude. 37 et 38.

**Sel d'Epsom**, résultant de l'acide vitriolique versé sur la lessive du résidu de la distillation de la manganèse, 193. Uni au vitriol de Mars forme un sel sur-composé, *ib.* et 20. Vérifié par Leblanc. *ibid.*

**Sélénite** contenue dans le sucre. 141.

**Sels essentiels** des plantes; ils ne sont que des sels avec excès d'acide, 248. Se ressemblent tous. 16. Ne sont que des concrétions faites par l'acide propre des plantes, combiné avec la terre, l'huile et le sel alkali. 252 et suiv.

**Sel fulminant** de l'acide marin oxigèné, n'est tel que par rapport à l'acide marin lui-même, 145. Pour le faire tel il faut suivre le procédé de Bertholet. *ibid.*

**Sels métalliques** ne peuvent exister dans l'eau sans se décomposer, s'ils nont un excès d'acide. 25. Se décomposent par l'eau, ainsi que les croûtes cristallines qui surnagent l'eau dans le balon après la distillation du spath avec l'acide vitriolique. 26 et *ibid.*

**Sel neutre de Macquer** formé par l'acide arsenical de Scheele. 147.

**Sel végétal**, ce que c'est. 279 et suiv.

Terre calcaire, il n'en existe pas dans le spath vitreux, 11, Preuve. 16. et 25. Terre du spath a plus d'affinité avec l'acide vitriolique, 26. Semblable à la sélénite étant unie à cet acide ; se précipite de ses dissolvans par la lessive du bleu de Prusse, et donne un précipité bleu. 28 et 29. Se dépouille de son acide par les lavages. 134.

Terre calcaire dans le sucre. 131.

Terre contenue dans la manganèse, est la magnésienne, fait du sel d'Epsom avec l'acide vitriolique, 190 et suiv. Enlevée en même-tems que le fer par l'acide marin. *ib.* et 191. Se précipite par la lessive du bleu de Prusse, à cause du fer avec lequel elle est jointe. Ce précipité est couleur de rose ; devient bleu si on y ajoute de l'acide qui redissout la terre. 146, 192, 193 et 195.

Terre du sel acide du sucre, se montre en très-petite quantité. 114. Cette terre fait légèrement effervescence avec les acides ; *ib.* Elle est calcaire ; forme de la sélénite avec l'acide vitriolique. 116.

Terre du spath se dissout dans les acides et les alkalis, 37. S'insinue dans le verre, en fait une sorte d'émail ou porcelaine. 53. Se fond avec l'alkali fixe, et donne un verre émaillé fort différent en cela de la terre quartzeuse. 55. Se dissout dans les alkalis en liqueur. 56, 57 et suiv. Autre différence entre cette terre et la terre quartzeuse. 58. Se précipite mieux par les al-

kalis caustiques ou privé d'air fixe. *ibid.* et 59.
Décompose le nitre par la force du feu. 61.
Semble avoir plus d'affinité avec l'acide vitriolique, qu'avec les autres acides, 64. Montée
dans la distillation est susceptible de remonter
encore dans d'autres distillations avec les acides.
66. Précipite les métaux de leur dissolvant. 67
et 68. Se précipite elle-même en bleu avec la
lessive du bleu de Pruse. 71 et 72. L'acide du
vinaigre agit dessus, et en emporte une petite
partie dans sa distillation. 73.

Terre du tartre reste unie avec l'alkali et l'huile
dans des proportions différentes, après l'ébullition avec la chaux; erreur de Fourcroy et d'autres chymistes à ce sujet. Point d'alkali distinct
et seul dans l'eau, comme l'a dit ce chymiste;
erreur de Scheele d'avoir cru que le résidu resté
sur le filtre étoit une nouvelle espèce de sel,
non soluble dans l'eau. 309, 311 et suiv.

Terre magnésienne ou du sel d'Epsom, a de l'affinité avec celle du fer; c'est pourquoi les sels
d'Epsom sont rarement exempts de vitriol. 198
Par la propriété des sels dissous dans les acides par le feu, 205 et 206. Après avoir emporté
par l'aimant, après la calcination, à cause du
fer. 214.

Terres non effervescentes le deviennent en faisant
passer dessus successivement des acides. 200.

## V.



FIN DE LA TABLE DES MATIÈRES.

# ERRATA.

Page 17 *ligne* 1 Fodcré, *lisez* Foderé.
29 *ligne* 13 très-salé, *lisez* très-salle.
169 *ligne* 3 et encore bien moins dans d'autres semi-métaux, *lisez* et encore bien moins que dans d'autres semi-métaux.
256 *ligne* 20 l'huile, *lisez* l'acide.
367 *ligne* 10 Levoisier, *lisez* Lavoisier.

# CATALOGUE



Traité des Eaux minérales, avec plusieurs mémoires de chymie, relatifs à cet objet. 1768. *in-12.*

Traité de la vitriolisation et de l'alunation ; ou l'art de fabriquer les vitriols et l'alun. *in-12* avec fig. 1769.

Nouvelle Hydrologie, ou nouvelle Exposition de la nature et de la qualité des eaux ; avec un examen de l'eau de la mer, fait en divers endroits des côtes de France, où l'on a joint une description des sels naturels. 1772. *in-12.*

Exposition des mines, ou Description de la nature et de la qualité des mines, à laquelle on a joint des notices sur plusieurs mines d'Allemagne et de France, et une dissertation pratique sur le

traitement des mines de cuivre, traduite de l'allemand, de Canerinus. *in*-12 1775.

* Traité de la Dissolution des métaux. *in*-12. 1775.

* Nouveau Système de minéralogie, ou Essai d'une
nouvelle Exposition du règne minéral auquel on
a. joint un supplément au Traité de la Dissolution des métaux, avec des observations relatives au Dictionnaire de chymie. *in*-12. 1779.

Voyages minéralogiques, faits en Hongrie et en Tran-
sylvanie, par Born; traduit de l'allemand, avec
des notes. *in*-12. 1780.

* Traité de l'exploitation des mines où l'on décrit
les situations des mines, l'art d'entailler la roche et
la substance des filons, de former les puits, les
galleries, de procurer de l'air aux souterrains,
d'en vuider les eaux, d'élever les roches et les
mines au jour et de percer la terre. Avec un
traité particulier sur la préparation et le lavage
des mines; le tout traduit de l'allemand, *in*-4°.
avec 24 planches.

* Atlas minéralogique de la France, *in-folio.* avec
42 cartes. 1780.

* Démonstration de la fausseté des principes des
nouveaux chymistes, pour servir de supplément
au Traité de la Dissolution des métaux. *in*-8°.

www.ingramcontent.com/pod-product-compliance
Ingram Content Group UK Ltd.
Pitfield, Milton Keynes, MK11 3LW, UK
UKHW010909160726
13695UKWH00007B/105